感受多彩的

自然

王子安◎主编

汕头大学出版社

图书在版编目（ＣＩＰ）数据

感受多彩的自然 / 王子安主编. -- 汕头 ： 汕头大
学出版社，2012.4（2024.1重印）
ISBN 978-7-5658-0675-9

Ⅰ. ①感… Ⅱ. ①王… Ⅲ. ①自然科学－青年读物②
自然科学－少年读物 Ⅳ. ①N49

中国版本图书馆CIP数据核字(2012)第057939号

感受多彩的自然　　　　　　　　　GANSHOU DUOCAI DE ZIRAN

主　　编：王子安
责任编辑：胡开祥
责任技编：黄东生
封面设计：君阅天下
出版发行：汕头大学出版社
　　　　　广东省汕头市汕头大学内　　邮编：515063
电　　话：0754-82904613
印　　刷：唐山楠萍印务有限公司
开　　本：710mm×1000mm　1/16
印　　张：12
字　　数：85千字
版　　次：2012年4月第1版
印　　次：2024年1月第2次印刷
定　　价：55.00元
ISBN 978-7-5658-0675-9

前　言

　　青少年是我们国家未来的栋梁，是实现中华民族伟大复兴的主力军。一直以来，党和国家的领导人对青少年的健康成长教育都非常关心。对于青少年来说，他们正处于博学求知的黄金时期。除了认真学习课本上的知识外，他们还应该广泛吸收课外的知识。青少年所具备的科学素质和他们对待科学的态度，对国家的未来将会产生深远的影响。因此，对青少年开展必要的科学普及教育是极为必要的。这不仅可以丰富他们的学习生活、增加他们的想象力和逆向思维能力，而且可以开阔他们的眼界、提高他们的知识面和创新精神。

　　大自然赋予了人类美好的生活场所，在这里蕴藏了许多神奇的自然现象，使人类望之不由惊叹不已。风雨雷电本是十分普遍见到的自然现象，但是，我们对于其中的奥秘了解的又有多少呢？雨后美丽的彩虹背后有着什么样的鲜为人知的秘密呢？天上下了奇奇怪怪的雨是怎么回事呢？恐怖的龙卷风是怎样形成的呢？南北极出现的美丽极光是在什么因素的促使下形成的呢？《感受多彩的自然》一书将读者完全融于大自然的怀抱中，细细品味大自然给人类带来的无限生机，让读者更加热爱大自然、更加热爱生活。

本书属于"科普·教育"类读物，文字语言通俗易懂，给予读者一般性的、基础性的科学知识，其读者对象是具有一定文化知识程度与教育水平的青少年。书中采用了文学性、趣味性、科普性、艺术性、文化性相结合的语言文字与内容编排，是文化性与科学性、自然性与人文性相融合的科普读物。

此外，本书为了迎合广大青少年读者的阅读兴趣，还配有相应的图文解说与介绍，再加上简约、独具一格的版式设计，以及多元素色彩的内容编排，使本书的内容更加生动化、更有吸引力，使本来生趣盎然的知识内容变得更加新鲜亮丽，从而提高了读者在阅读时的感官效果。

尽管本书在编写过程中力求精益求精，但是由于编者水平与时间的有限、仓促，使得本书难免会存在一些不足之处，敬请广大青少年读者予以见谅，并给予批评。希望本书能够成为广大青少年读者成长的良师益友，并使青少年读者的思想能够得到一定程度上的升华。

2012年3月

CONTENTS

目 录

第一章　神奇的自然现象

第二章　自然界奇观

CONTENTS

目　录

第一章

神奇的自然现象

　　大自然是一个色彩斑斓、充满神秘气息的大盒子，在这个大盒子里我们可以发现很多别样的东西。

　　大自然赋予了人类美好的生活场所，在这里蕴藏了许多神奇的自然现象，使人类惊叹不已。风雨雷电本是十分普遍的自然现象，但是，我们对于其中的奥秘了解的又有多少呢？雨后美丽的彩虹背后有着什么样的鲜为人知的秘密呢？天上下了奇奇怪怪的雨是怎么回事呢？恐怖的龙卷风是怎样形成的呢？南北极出现的美丽极光是在什么因素的促使下形成的呢？地磁场的方向为何顽皮地颠来倒去呢？世界上真的有"鬼火"吗？人们看到的"鬼火"究竟是怎么回事呢？极具有毁灭性的火山为何要喷发呢？神奇的佛灯为何在山林间出现呢？难道有什么神灵显圣了吗？带着这些令人迷惑不解的问题阅读本章内容，我们将会从中找到相应的答案。

气象秘密

◆ 彩虹的奥秘

彩虹是气象中的一种光学现象。在盛夏和初秋季节里，降雨之后，许多小水滴漂浮在空气中。当太阳光射入这些小水滴时，经折射而改变了管线原来的方向，并将由7种颜色合成的白色太阳光散射，使之从新分解成为7种颜色，再经地面的反射作用，就在太阳的对面形成了颜色从外向内呈赤、橙、黄、绿、青、蓝、紫七色的美丽弧线，这就是虹。虹的颜色与水滴大小有关。水滴越大，红的颜色越强，虹带就越宽。

（1）虹的成因

彩虹是因为阳光射到空中接近圆形的小水滴，造成色散及反射而成。阳光射入水滴时会同时以不同角度入射，在水滴内亦以不同的角度反射。当中以40°~42°的反射最为强烈，造成我们所见到的彩

虹。造成这种反射时，阳光进入水滴，先折射一次，然后在水滴的背面反射，最后离开水滴时再折射一次。因为水对光有色散的作用，不同波长的光的折射率有所不同，蓝光的折射角度比红光大。由于光在水滴内被反射，所以观察者看见的光谱是倒过来的，红光在最上方，其他颜色在下。

其实只要空气中有水滴，而阳光正在观察者的背后以低角度照射，便可能产生可以观察到的彩虹现象。彩虹最常在下午，雨后刚转天晴时出现。这时空气内尘埃少而充满小水滴，天空的一边因为仍有雨云而较暗。而观察者头上或背后已没有云的遮挡而可见阳光，这样彩虹便会较容易被看到。另一个经常可见到彩虹

的地方是瀑布附近。在晴朗的天气下背对阳光在空中洒水或喷洒水雾，便可以人工制造彩虹。

空气里水滴的大小，决定了彩虹的色彩鲜艳程度和宽窄。空气中的水滴大，虹就鲜艳，也比较窄；反之，水滴小，虹色就淡，也比较宽。我们面对着太阳是看不到彩虹的，只有背着太阳才能看到彩虹，所以早晨的彩虹出现在西方，黄昏的彩虹总在东方出现。可我们看不见，只有乘飞机从高空向下看的，才能见到。虹的出现与当时天气变化相联系，一般我们从虹出现

一般冬天的气温较低，在空中不容易存在小水滴，下雨的机会也少，所以冬天一般不会有彩虹出现。

彩虹其实并非出现在半空中的特定位置。它是观察者看见的一种光学现象，彩虹看起来的所在位置，会随着观察者而改变。当观察者看到彩虹时，它的位置必定是在太阳的相反方向。彩虹的拱以内的中央，其实是被水滴反射，放大了的太阳影像。所以彩虹以内的天空比彩虹以外的要亮。彩虹拱形的正中心位置，刚好是观察者头部阴影的方向，虹的本身则在观察者头部的影子与眼睛一线以上40°～42°的位置。因此当太阳在空中高于42°时，彩虹的位置将在地平线以下而看不

在天空中的位置可以推测当时将出现晴天或雨天。东方出现虹时，本地是不大容易下雨的，而西方出现虹时，本地下雨的可能性却很大。

彩虹的明显程度，取决于空气中小水滴的大小，小水滴体积越大，形成的彩虹越鲜亮，小水滴体积越小，形成的彩虹就越不明显。

由于人类视觉在晚间低光线的情况下难以分辨颜色，故此，晚虹看起来好像是全白色。

（2）奇异的彩虹

大多数人都知道彩虹有七色，另有一些稀有的奇特色彩，就只有少数人见过。彩虹有些是全紫、全红或是全白的；有些是呈直线，有些是横贯空中。

白色的彩虹在日光和月光下都可能出现，形成的原因却不相同，白天阳光由水珠反射出阿

见。这也是彩虹很少在中午出现的原因。

彩虹由一端至另一端，横跨84°。以一般的35毫米照相机，需要焦距为19毫米以下的广角镜头才可以用单格把整条彩虹拍下。倘若在飞机上，会看见彩虹是完整的圆形而不是拱形，而圆形彩虹的正中心则是飞机行进的方向。

晚虹是一种罕见的现象，在月光强烈的晚上可能出现。

里，由于水珠绩效，彩虹的色带重叠而形成。月光下缩减的白虹，是因为月亮反射的光线太弱，肉眼无法辨别色彩，所以看起来像白色。若以正确的曝光时间把月光下的白虹拍摄下来，照片上呈现的就是七色彩虹。

紫虹只在日出前或是日出时才能看到，是很少见的。因为蓝光和紫光遇高云散射后，再由雨水反射到人们眼中。日落时，太阳远在天边，阳光穿过地球大气层的路程较长，蓝、绿、黄三种波长较短的光在大气层中散射，这时的虹可能会发出夺目的红色。

竖虹一般出现在广阔的水面上。根据科学家的解释，阳光由水面反射，形成多道彩虹，一道比一道高，但只有彩虹的末端才看的见，于是就出现柱子的形状。

很多时候会见到两条彩虹同时出现，在平常的彩虹外边出现同心，但较暗的副虹（又称霓）。副虹是阳光在水滴中经两次反射而成。当阳光经过水滴时，它会被折射、反射后再折射出来。在水滴内经过一次反射的光线，便形成我们常见的彩虹（主虹）。若光线在水滴内进行了两次反射，便会产生第二道彩虹（霓）。霓的颜色排列次序跟主虹是相反的。由于每次反射均会损失一些光能量，因此霓的光亮度亦较弱。两次反射最强烈的反射角出现在50°至53°，所以副虹位置在主虹之外。因为有两次的反射，副虹的颜色次序跟主虹反转，外侧为蓝色，内侧为红色。副虹其实一定跟随主虹存在，只是因为它的光线强度较低，所以有时不被肉眼察觉而已。1307年，欧洲已有人提出彩虹是由水滴对阳光的折射及反射而造成。笛卡尔在1637年发现水滴的大小不会影响光线的折射。他以玻璃球注入水来进行实验，得出水对光的折射指数，用数学证明彩虹的主虹是水点内的反射造成的，而副虹则是经过两次反射造成。他准确计算出彩虹的角度，但

未能解释彩虹的七彩颜色。后来牛顿以玻璃菱镜展示把太阳光散射成彩色之后，关于彩虹的形成的光学原理全部被发现。

◆怪雨的秘密

　　天气像是一个表情多变的孩子，有时候在不开心的时候就会哽咽哭泣，那么天气是如何变得阴雨绵绵的呢？事实上，雨的身份是从云中降落

的水滴，陆地和海洋表面的水蒸发变成水蒸气，水蒸气上升到一定高度后遇冷变成小水滴，这些小水滴都很小，直径只有0.01～0.02毫米，最大也只有0.2毫米。它们又

小又轻，被空气中的上升气流托在空中。就是这些小水滴在空中聚成了云。它们在云里互相碰撞，合并成大水滴，当它大到空气托不住的时候，就从云中落了下来，形成了雨。雨的成因多种多样，它的表现形态也各具特色，有毛毛细雨，有连绵不断的阴雨，还有倾盆而下的阵雨。雨水是人类生活中最重要的淡水资源，植物也要靠雨露的滋润而茁壮成长。但暴雨造成的洪水也会给人类带来巨大的灾难。

雨的种类很多，除了酸雨外，还有许多奇奇怪怪的雨，比如由龙卷风造成的有趣的雨——蛙雨、铁雨、金雨、钱雨；有颜色的雨——红雨，还有人们至今没有研究明白的雨——火雨。

（1）"火雨"

"火雨"又称"干雨"，是一种天文现象。最近几个世纪，火雨多次出现给人类造成了巨大损失。因此，火雨是近年来全世界天体物理学家特别感兴趣的问题。事实上，人们很早就发现过火雨，但是它极为罕见。近些年来人们发现它出现的次数

正日益频繁。有记载，大约100年前，火雨曾毁灭了雅俗尔群岛地区的一支舰队，还曾引发了德克萨斯草原的特大火灾。公园1889年，有毁灭了的非洲的萨凡纳。

由于所谓瀑布式倾热，使由火雨产生的火灾很难扑灭妥生这种火灾时，不仅要扑灭燃烧着的特质，还要额外对付高达2000℃的雨热。对这种雨热来说，水只是一种"清凉淋浴"。因此，扑救这种火灾时除使用水外，还要使用特殊的硅质粉，以隔断热源同氧气的接触。

对于火雨现象的解释，目前国际上存在两种观点。一种观点认为，由于彗星散落，散落后的物质有些落入地球，于是便产生了火雨现象。从彗星散落到火雨的出现，之间约2～6年的时间。天体物理学家观察到越来越多的彗星散落现

另一种文明的破坏活动。这种想法从表面上看似乎是天真的，但持这种观点的人提醒人们注意，如果火雨现象来源于宇宙，是彗星散落的产物，那

象，所以非常有可能在最近6～15年内出现一些火雨，那时火灾的数量将每年达到8起，而50年后将有可能每年达到30起；另一种观点认为，火雨现象是我们尚未认识的

么化学家通过光谱分析是会发现彗星化学成分的痕迹的。但迄今为止化学家在这方面的研究结果是否定的，火也不可能消灭所有物质成分。由此，两种说法各有道理，但

都需要进一步研究证实。

（2）"红雨"

天上的降雨本是件很普通的事情，但是，有的时候下的雨却非常稀有，让人为之大惑不解。

2001年7月25日，印度西部喀拉拉邦突降"红雨"，血红色的液体断断续续地下了两个月。在部分地区，红雨如注，海岸、河水都被染成一片鲜红，当地居民用自来水洗衣服，衣服也变成了粉红色。随着秋日来临，猩红色树叶飘零落下，整个大地铺成了一片血红色。这场降雨总量约为50吨的奇怪红

色降水令科学家感到震惊，印度政府下令进行调查。为什么会下"红雨"，红色从何而来？这一奇怪的现象立即引来世界各地的研究者前往一探究竟。

第一种说法：一些科学家认为，整个事件的"肇事者"是微小的海藻，而另一些科学家认为红色颗粒是真菌孢子，

第二种说法：也有人假设陨星碎片坠入飞行的蝙蝠群中，"红雨"的成分就是蝙蝠的血液。

第三种说法：强风带来阿拉伯红土，导致雨水变红。

一些调查人员认为，"红雨"不值得大惊小怪。降雨发生前，强风带来了阿拉伯地区的红土，随着降雨发生，红土夹杂在雨水中降落，使雨变成了红色，整个降雨区域也因此被染

得一片鲜红。

但是，这种说法当即遭到许多人的反对。理由是下的时间太长了。设想一下，某个地区一连两个月断断续续地下雨，这可以理解。但是突然两个月连续不断地刮强风，不断地带来阿拉伯地区的红土，这似乎难以成立。

第四种说法：红色沉淀物组成与微生物相似，疑是外星细菌。

印度圣雄甘地大学的应用物理学家、普尔大学物理学家戈弗雷·路易斯就不认为这是阿拉伯红土染红的。为弄清楚这到底是什么，他特地在喀拉拉邦收集了部分雨水的沉淀物，带回实验室做了综合分析。经过5年的研究，他惊讶地发现，红色沉淀物根本不是泥土、灰尘，而是外星细菌。路易斯大胆地提出：那是来自彗星的外星生物，当年那场雨可能就是"外星生物登陆地球"。

倘若你通过显微镜仔细观察就会惊奇地发现，"红雨"颗粒形状大小不一，有球形、椭圆形和长椭圆形，大小在4～10微米之间，1000倍显微镜下可见形状，有细胞

膜，很厚，但无细胞核，是一种类似于细菌的物质。路易斯说："通过显微镜观察，你能发现它绝不是泥土，反而有明显的生物特征。"

根据成分分析，瓶中沉淀物含碳50％，含氧45％，还含有部分钠和铁以及其他成分，这与微生物的构成极其相似。看来它们是从地球外某个星体降落至地球上的。

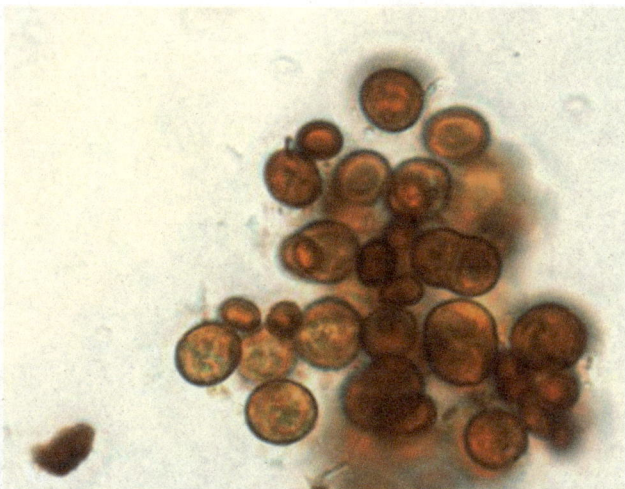

第五种说法：是彗星或流星雨，具有外星生命初期的特征。

路易斯同时还发现，就在2001年7月25日下"红雨"前的几个小时里，当地突然发生了极为强烈的音爆，喀拉拉邦的居民房屋受到极大震动。根据当时的情况，除非陨石闯入大气层，否则不会产生那样剧烈的反应。因此，支持路易斯理论的科学家们由此推断，当天一颗彗星在经过地球时，一些碎片脱落下来，穿过大气层坠落地面。而在这一过程中，碎片由于受到摩

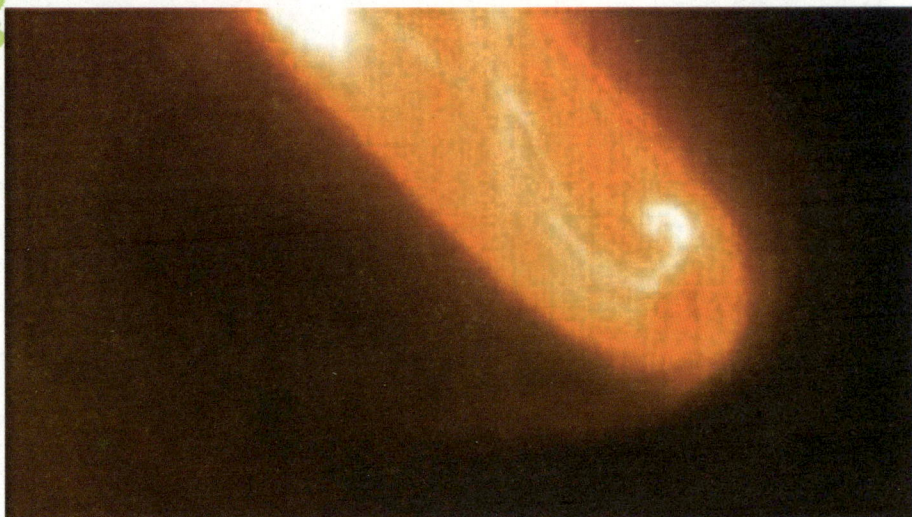

擦，烫得发红，分裂成为更多碎片，并伴随着降雨落至地面。由于那颗彗星中含有丰富的有机化学物质，而地球上的生命也是由微生物不断进化而来，所以雨水中的沉淀物也具有生命初期的特征。

最近发现彗星和星际尘埃云上有复杂的有机分子，此为生命起源于宇宙而不是地球提供强有力的证据。微生物学家也发现细菌能在艰苦的太空中生存。

路易斯的推论获得国际支持，但最终结论还有

待进一步确认。

当然，路易斯的推论也遭到许多科学家和物理学家的质疑，大多数科研人员感到这种说法站不住脚。一位科学家甚至在路易斯的个人网站上发帖，公开指责他的推论是"一派胡言"。遭到批评后，路

正专心分析喀拉拉邦的"红雨"样本。温赖特说："现在就定论'红雨'究竟是什么还为时过早，但是我确定瓶中的沉淀物绝对不是泥土，有着本质的不同。不过，它也不具有DNA，也不像是生物。当然，或许外星生物根本没有DNA。"

易斯坚持自己的理论，并说："不论是谁听到这个结论，都会当成无稽之谈。要说外星生物是制造红雨的祸首，人家理也不会理，直到他们认可这一论述。"

不过，路易斯获得国际的支持。更多的科学家认为，路易斯的发现或许不正确，但他起码突破了常规思维意识到了些什么。英国设菲尔德大学微生物学家米尔顿·温赖特应外星胚种学权威加的夫大学教授单瑞·威柯麦思荷之邀，目前

◆天上掉冰

"天上不会掉馅饼"，然而近来世界各地时有这样神奇的消息：在万里无云碧空中，突然会掉下一些大冰块。人们对此感到非常的好奇。就在新千年开始，西班牙竟

然连续发生了7次"空中降冰"，而且前后时间间隔只有短短的七八天。其中，最吓人的是在南部塞维利亚省的托西那市，一块重达4千克左右的大冰块轰然落在两辆轿车上，顷刻间车顶被砸得稀烂，要

不是一个朋友把车主叫出来，与他交谈起来，他难免会成世界上第一位坠冰的"牺牲品"。两天后又有一块长30多厘米、重约2千克的大冰块击穿了穆尔西亚省一家酒吧的屋顶，所幸也无人员伤亡。最后一块在相隔四天后的一天下午落在历史名城加西期的市中心广场，警察在接到报警后很快就把它"带走"了。最有趣的是在近期，几乎同时有3块大冰光临巴伦西亚地区的3个小村庄，其中最大的一块有4千克重。西班牙国家气象局的专家已经否定了"冰雹"的可能性，尽管说它来自太空还有待于进一步证实，但从很多迹象看，"陨冰"的可能性相当大。

经过多年的研究探索得知，现

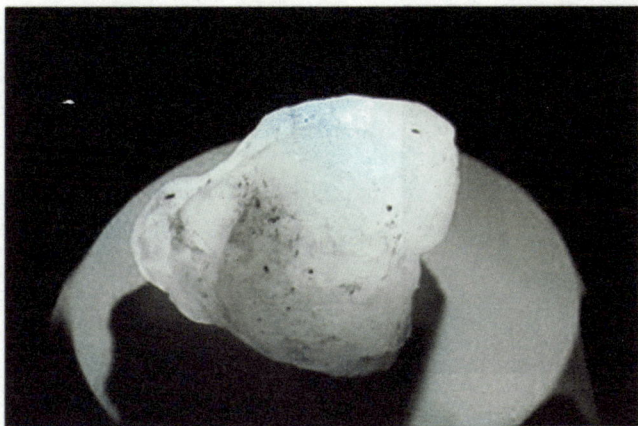

也只能剩下极少部分，可想而知，陨冰原先的母体一定是太空中硕大无比的巨大冰山。

陨冰比陨石更罕见，因为不光是夜间降落的陨冰绝大多数

在人们已经肯定，众多的晴空掉冰中，至少有一部分是真正的"天外来客"——"陨冰"。陨冰与陨石一样，陨石原先都是游荡在太空，绕太阳转动的"精灵"，只是有时它们一不留神，闯进了地球引力的"陷阱"，才被迫改变轨道落向地面。由于地球周围有稠密的大气层，所以绝大多数的陨落物都在大气中"毁尸灭迹"，在几千度的高温焚烧下，只有少数原先非常巨大的母体，才会有残骸降临人间，成为陨星(包括陨石、陨铁)。即使是那些铁块、石头

会被"埋没终身"，就是白天"下凡"，如不及时发现，妥善保存，也难免会很快化作一滩污水而无从辨别，不像那些陨石(铁)，即使是原始时代来的"客人"，科学家还是可以认证出它不凡的"门第"。因而现已正实有确凿证明的陨冰，到20世纪止，也不到二位数。最早确认的陨冰是1955年掉落在美国的"卡什顿陨冰"；第二块陨冰于

1963年降于莫斯科地区某集体农庄，重达5千克。

最令人蹊跷的是，我国无锡地区也曾受过这种空中坠冰的青睐，在1982—1993年的短短11年间，也连续发生了5次坠冰事件。1995年，在浙江余杭也有一块较大陨冰碎成三块并落在东塘镇的水田中，估计原重900克。陨冰和普通冰的外表比较相似，也极容易融化掉。幸好由于它当时得到了妥善的保护，又及时送到紫金山天文台，所以对于揭开天坠冰之谜起到了很大的作用。

由于陨冰是慧星的慧核中的冰物质，是由太阳系中的慧星与流星撞击从慧核中溅出的冰块，因此它对于研究慧星和太阳系有很大的帮助。随着对天上掉冰的现象的深入了解与研究，我们必将可以解开许多谜团。

◆ 龙卷风的秘密

龙卷风是一种强烈的、小范围的空气涡旋，是在极不稳定的天气下由空气强烈对流运动而产生的，由雷暴云底伸展至地面的漏斗状云(龙卷)产生的强烈的旋风，其风力

可达12级以上，最大可达100米每秒以上，一般伴有雷雨，有时也伴有冰雹。

空气绕龙卷的轴快速旋转，受龙卷中心气压极度减小的吸引，近地面几十米厚的一薄层空气内，气流被从四面八方吸入涡旋的底部。并随即变为绕轴心向上的涡流，龙卷中的风总是气旋性的，其中心的气压可以比周围气压低百分之十。

龙卷风是一种伴随着高速旋转的漏斗状云柱的强风涡旋。龙卷风中心附近风速可达100~200米/秒，最大风速可达300米/秒，比台风中心最大风速大好几倍。中心气

压很低，一般可低至400百帕，最低可达200百帕。它具有很大的吸吮作用，可把海(湖)水吸离海(湖)面，形成水柱，然后同云相接，俗称"龙取水"。由于龙卷风内部空气极为稀薄，导致温度急剧降低，促使水汽迅速凝结，这是形成漏斗云柱的重要原因。漏斗云柱的直径，平均只有250米左右。龙卷风产生于强烈不稳定的积雨云中。它的形成与暖湿空气强烈上升、冷空气南下、地形作用等有关。它的生命史短暂，一般维持十几分钟到一二小时，但其破坏力惊

人，能把大树连根拔起，建筑物吹倒，或把部分地面物卷至空中。中国的江苏省每年几乎都有龙卷风发生，但发生的地点没有明显规律。出现的时间，一般在六七月间，有时也发生在八月上、中旬。

（1）解读神秘的龙卷风

龙卷风也可叫作旋风，海上或海边更为多见，其速度非常之快，每秒钟100米的风速不足为奇，甚至达到每秒钟175米以上。比12级台风还要高五六倍。发生在海上的龙卷风，常常能卷起一个个参天的水柱。旋风过处，那巨大的水柱此倒彼立，水柱倒塌

声和着风声加上那林立的银色水柱，场面煞是壮观。

　　龙卷风之所以有那么大的威力，与它的范围小很有关系。它风柱的直径一般只有25～100米，在极少数的情况下直径才达到1000米以上。从发生到消失，时间也并不长，有的只有几分钟，最多的也只有几个小时。

　　在美国，龙卷风是常见的自然现象，而且它的破坏力甚至超过了地震。1925年3月18日，一次有名的"三州旋风"遍及密西里、

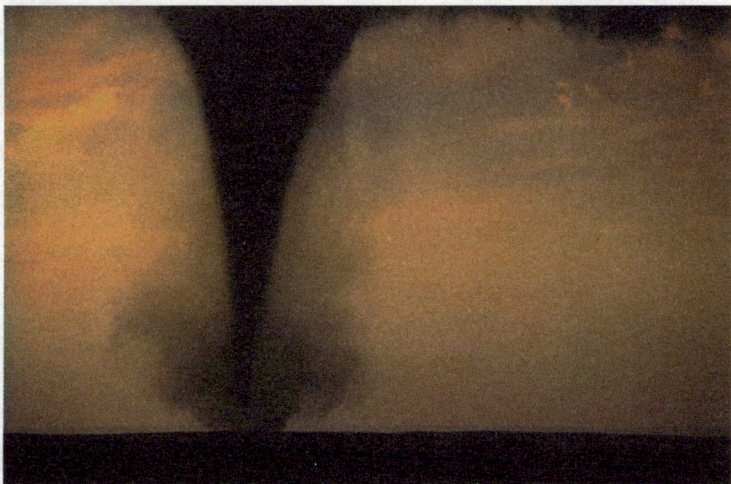

伊利诺斯和印第安纳3个州，损失达4000万美元，死亡695人，重伤2027人。美国境内的另一次龙卷风竟然摧毁了一座铁路桥，可见威力之大。

1879年5月30日下午4时，在堪萨斯州北方的上空两块又黑又浓的云汇合后，15分钟内，在云层下端产生旋涡。旋涡迅速增长，变成一根顶天立地的巨大风柱，在3个小时内，像一条孽龙似地在整个州内胡作非为，肆虐横扫，所到之处，无一幸免。但是，最奇怪的事是发生在刚开始的时候，龙卷风旋涡横过一条小河，遇上了一座峭壁，显然是无法越过这个障碍物，旋涡便折向西进，那边恰巧有一座新造的75米长的铁路桥，龙卷风旋涡竟将它从石桥墩上掀起来，把它扭了几扭，然后抛到水中。事后专家们认为，这次旋风的毁桥显示了它的最大威力，此时旋涡壁气流的速度已高于音速。

超音速的龙卷风好像是个魔

术师，它的表演令人吃惊。美国圣路易市在1896年发生过一次旋风，使一根松树枝竟轻易穿透了一块1厘米左右厚的钢板。1919年，发生在美国明尼斯达州的一次旋风，使一根细草茎刺容一块厚木板，而一片三叶草的叶子竟像钉子一样，被深深凿入了泥墙中。

龙卷风不仅常常光顾美国，对另一个大国也饶有兴趣，那就是前苏联。1953年8月23日的一场龙卷风，吹开了前苏联一户人家的门窗。放在五斗橱上的一只闹钟被吹过了3道门，飞过厨房和走廊，最后吹进了阁楼。还有一次，在前苏联一城镇的龙卷风范围较大，在它大约吹过了100米的距离后乱入到一产农家的园子里，龙卷风将大主人谢莱茹涅娃的大儿子和婴儿吹到一条沟里，而她的次子彼佳被刮走不见影踪，直到第二天，有在索加尔尼基市找到。当时他吓得魂不附体，但丝毫未受损伤。令人奇怪的是，他不是顺着风而是逆着风被吹到索加尔尼基市的。虽然这次龙卷风造成的损失不大，但十分令人不解。

空中飞物是龙卷风中最令人感到不可思议的。1917年3月23日，新奥尔巴尼市曾有过一次空中坠物的奇雨，在离遭龙卷风袭击的村庄40千米远的地方，从云端落下来的衣物碎片、残缺不全的家具、瓦片、一扇厨房中柜子的厚门，还有一罐子渍黄瓜等。显然，这些都是龙卷风的杰作。

在我国的沿海地区，龙卷风也创造了不少的传奇故事。1956年9月24日，上海曾发生过一次龙卷风，它轻而易举地把一个11万千克的大储油桶"举"到15米高的空中，再甩到120米以外的地方。1997年在渤海边一个乡村，龙卷风将一个70多岁的老太太带到空中，在空中邀游了好半天之后，竟然又安然无恙地送了回来。这位姓刘的老太太说，她在空中什么知觉也没有，不知到了多远什么地方，完全是混沌状态，更不知是怎么回

钢板、被支解的钢架。扭弯了的螺丝洒落一地，十几部机器全部报废。

龙卷风虽常发生，但人们对它的规律却不甚了解。例如，为什么龙卷风有时会席卷一切，而有时在其中心范围内的东西却丝毫无损？为什么它能把一匹马吹走1000米，但从未有人见到过树会被龙卷风吹走，它充其量是将树折断吹倒在一旁。在北美，当龙卷风过后常可见到鸡的羽毛被拔得精光。但有时只拔去一侧的鸡毛，而另一侧却完好无损，这些该作何解释恐怕还需要科学家们去探究它的奥秘。

来的。在浙东一个农村，龙卷风将农场上的十几台脱粒机拧在空中，在旋风的中心，狂风凭借巨大的力量，将机器相互撞击，直听得吼叫的风声中夹着刺耳的金属撞击。农民们眼看着自己的家什被自然破坏着却束手无策，无能为力。在离心力作用下，不时摔出散落的机器零部件。风终于停了之后，在旋风的一个上百米的范围内，机器弯形的

（2）龙卷风的种类

龙卷风是一种小型旋转风，直径一般不超过1公里，小的龙卷风直径约25～100米，与台风相比，

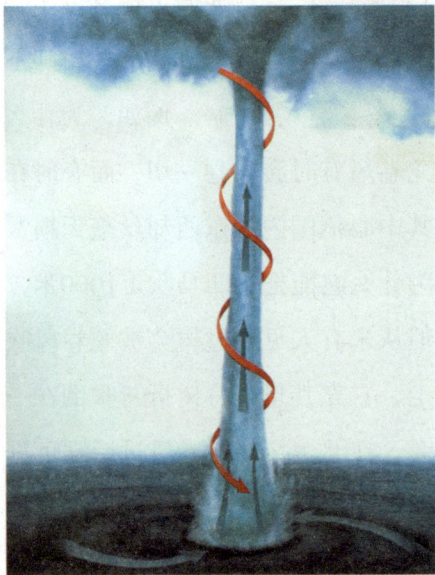

看上去无足轻重，可是它的风力却比台风大很多，台风最大风速不会超过100米／秒，而龙卷风的最大风速可以达到120米／秒。龙卷风根据它发生在海上还是陆地，可分为海龙卷和陆龙卷。

海龙卷：是一种发生于海面上的龙卷风，俗称龙吸水。

海龙卷的产生需要几个条件。首先，是空气必须高温、高湿。我们知道，温度高低反映其热能的大小，空气湿度大，一旦发生凝结现象，大量的潜热就释放出来，变成动能、位能；其次，要有旺盛的积雨云。积雨云是强对流的产物，在强对流运动中易形成涡环；最后，是上升气流和下沉气流间的切变要大，也就是说两者气流方向相反，各自的速度要大，才能形成强切变。我国南海很具备产生海龙卷的条件，特别是西沙群岛，在夏秋季海龙卷经常出现。据不完全统计，全球每年发生的海龙卷有近千个。

在大洋上易发生台风或飓风的海区，也容易发生海龙卷，值得注意的是当出现厄尔尼诺现象时，海龙卷发生的次数就会增多，显而易见，厄尔尼诺现象的出现，反映着太平洋东部赤道海区附近及其以南海域的大规模增

美国南部的得克萨斯州和路易斯安那州，登陆后威力不减，吹毁民宅、厂房、汽车和树木，造成两州伤亡100多人，接着又袭击邻近几个州，从美国南部到东北部，持续4天多，狂风大作的同时，还下起滂沱大雨，洪水泛

温现象。1982年秋到1983年初夏的厄尔尼诺现象期间，由于海面温度高出许多，海上的对流大大加强，墨西哥湾的海龙卷群出现特别频繁，1983年5月墨西哥湾出现的海龙卷群，在海上肆虐一番后，夹带着狂风暴雨，直袭

滥，其造成的灾害不亚于飓风。可见，在海上的船只如遇上海龙卷，其后果是难以想象的。据此有人推论，在海上出现的几个著名危险三角区，有可能是海龙卷作祟的结果。

陆龙卷：是龙卷风的一种。

陆龙卷形成的原因虽还不完全清楚，但必定与雷雨云有关。从墨西哥湾北上的温暖潮湿气团，遇上来自北方得较冷较重气团，被困其下，就很容易形成陆龙卷。云在这激荡的湍流区里形成，酿成风暴，有时加强成为一股猛烈上旋的温暖气流，这就是陆龙卷。

起初，未完全形成的陆龙卷只是一个凸出云底的圆角，其后逐渐加长，最后着陆，成为一支猛烈旋转的风柱，把云和地面连接起来。陆龙卷初起时因为水汽凝聚，呈白色，其后旋风逐渐吸进砂石尘土，颜色转深，最后变成黑色。

陆龙卷通常在陆上形成，几乎在任何地方中都会产生陆龙卷，但最常见于美国中部的平原，尤其在春季和初夏的几个月里。美国每年约受五百到七百个陆龙卷吹袭，破坏最大的地方包括德克萨斯州、俄克拉荷马州及堪萨斯州。

陆龙卷一旦接触地面，通常会在一小时之内消散，不过，也有些会持续几小时。遭普通陆龙卷吹袭的灾区约宽3300米，长可达80000米，其中一切破坏无遗。有些巨型陆龙卷灾区可宽达500米。1917年更有一个陆龙卷在长达146 500米的地区，造成严重破坏。

◆极光形成之谜

在地球南、北两极附近的高空，夜间常会出现一种奇异的光，这就是美丽的极光。从科学研究的

说："眼睛一眨，老母鸡变鸭。"极光就是这样，翻手为云，覆手为雨，变化莫测，而这一切又往往发生在几秒钟或数分钟之内。极光的运动变化，是自然界这个魔术大师，以天空为舞台上演的一出光的活剧，上下纵横成百上千公里，甚至还存在近万公里长的极光带。这种宏伟壮观的自然景象，好像沾了一点仙气似的，颇具神秘色彩。

角度，人们将极光按其形态特征分成五种：一是底边整齐微微弯曲的圆弧状的极光孤；二是有弯扭折皱的飘带状的极光带；三是如云朵一般的片朵状的极光片；四是像面纱一样均匀的帐幔状的极光幔；五是沿磁力线方向的射线状的极光芒。

极光形体的亮度变化也是很大的，从刚刚能看得见的银河星云般的亮度，一直亮到满月时的月亮亮度。在强极光出现时，地面上物体的轮廓都能被照见，甚至会照出物体的影子来。

最为动人的当然是极光运动所造成的瞬息万变的奇妙景象。我们形容事物变得快时常

令人叹为观止的则是极光的色彩，早已不能用五颜六色去描绘，

简直可以说是色彩斑斓。说到底，本色不外乎是红、绿、紫、蓝、白、黄，可是大自然这一超级画家

用出神入化的手法，将深浅浓淡、隐显明暗一搭配、一组合，一下子变成了万花筒。根据不完全的统计，目前能分辨清楚的极光色调已达160余种。

美丽的极光是大自然的力作。在相当长一段时间内，人们一直认为极光可能是由以下三种原因形成的。一种看法认为极光是地球外面燃起的大火，因为北极区临近地球

的边缘，所以能看到这种大火；另一种看法认为，极光是红日西沉以后，透射反照出来的辉光；还有一种看法认为，极地冰雪丰富，它们在白天吸收阳光，贮存起来，到夜晚释放出来，便成了极光。总之，众说纷纭，无一定论。直到20世纪60年代，将地面观测结果与卫星和火箭探测到的资料结合起来研究，

才逐步形成了极光的物理性描述。

如果我们乘着宇宙飞船，越过地球的南北极上空，从遥远的太空向地球望去，会见到围绕地球磁极存在一个闪闪发亮的光环，这个环就叫做极光卵。由于它们向太阳的一边有点被压扁，而背太阳的一边却稍稍被拉伸，因而呈现出卵一样

的形状。极光卵处在连续不断的变化之中，时明时暗，时而向赤道方向伸展，时而又向极点方向收缩。处在午夜部分的光环显得最宽最明亮。长期观测统计结果表明，极光也是很爱挑剔"出场地"的。极光最经常出现的地方是在南北磁纬度67°附近的两个环带状区域内，分别称作南极光区和北极光区。在极光区内差不多每天都会出现极光的身影。在极光卵所包围的内部区域，通常叫做极盖区，在该区域内，极光光顾的机会反而要比纬度较低的极光区来得少。在中低纬地区，尤其是近赤道区域，极光很少露面，但并不是说压根儿观测不到极光。即便这类极光出现，它也往往与特大的太阳耀斑暴发和强烈的地磁暴有关。

现在人们认识到，极光一方面与地球高空大气和地磁场的大规模相互合作有关，另一方面又与太阳喷发出来的高速带电粒子流有关，这种粒子流通常称为太阳风。太阳是一个庞大而炽热的气体球，在它的内部和表面进行着各种化学元素的核反应，产生了强大的带电微粒流，并从太阳发射出来，用极大的速度射向周围的空间。当这种带电微粒流射入地球外围那稀薄的高空大大气层时，就与稀薄气体的分子猛烈地冲击起来，于是产生了发光现象，这就是极光。由此可见，形成极光必不可少的条件是大气、磁场和太阳风，缺一不可。其实具备这三个条件的太阳系其他行星，

如木星和水星，它们的周围也会产生极光。

地磁场分布在地球周围，被太阳风包裹着，形成一个棒槌状的胶体，它的科学名称叫做磁层。在极光发生时，极光的显示和运动则是由于粒子束受到磁层中电场和磁场变化的调制造成的。

极光不仅是光学现象，而且是无线电现象，可以用雷达进行探

测研究，它还会辐射出某些无线电波。有人还说，极光能发出各种各样的声音。极光不仅是科学研究的重要课题，它还直接影响到无线电通信、长电缆通信。以及长的管道和电力传送线等许多实用工程项目。极光还可以影响到气候，影响

生物学过程等许多方面。

那么，极光又是为何发出声音的呢？目前我们还没有得到答案。我们不得不佩服大自然的鬼斧神工，创造了如此绚丽多彩、变幻无穷的极光，对于这个大自然的杰作我们还有很多方面的谜团没有解开，相信终有一天这些迷雾将会烟消云散。

◆厄尔尼诺现象之谜

厄尔尼诺现象是指南美赤道附近约北纬4°至南纬4°，西经150°至90°之间数千公里的海水

带的异常增温现象。从20世纪50年代起，特别是20世纪70年代后，全球气候变得异常，世界各国灾情是一波未平一波又起。美国夏威夷地区遭受罕见的飓风袭击；秘鲁等地，洪水泛滥；非洲大陆出现百年不遇的大旱灾。在这一时期，我国也发生了类似的洪涝、干旱等异常气候现象，给农业生产和人民生活带来重大损失。面对大自然给人类造成的种种灾害，科学家们通过对20世纪50年的海洋和气象资料分析发现，全球气候异常与厄尔尼诺现象有密切关系。

厄尔尼诺的老家原在太平洋东部赤道海域，那里终年温暖。在某种情况下，该海域赤道逆流中的一部分海水会沿厄瓜多尔海岸南下，穿过赤道，向南流动，这就是厄尔尼诺暖流。早些时候，这支海流并没有像太平洋的黑潮、大西洋的湾流那样引人注目。然而，在历史上不多见的厄尔尼诺现象时有发生。1972年厄尔尼诺现象的出现，给许多沿海国家的经济，特别是渔业生产带来严重损失。相隔10年之后的1982年，厄尔尼诺现象再度发生。这次厄尔尼诺现象的发生，致使全世界1000多人死亡，经济损失达80多亿美元。澳大利亚共损失了近30亿美元，捕鱼王国秘鲁的捕鱼量骤减。我国则出现了南旱北涝的气候，粮食减产几十亿斤，连远离太平洋的非洲和欧洲也不同程度地受到它的冲击。

在研究的过程中，使科学家最伤脑筋的是厄尔尼诺暖流是怎样产生的呢？有人认为，它是赤道太平洋信风减弱，热带辐聚向南移动，越过赤道而形成的产物；也有学者说，它是大气压和风系的大幅度移动所致；还有科学家认为，它是大气环流减弱的结果等等。

科学家们还发现，东南太平洋上的高压带和北澳大利亚到印度尼西亚低压带之间海平面的气压波动——南方涛动，也与厄尔尼诺现象密切相关。关于它们之间的成因也有多种说法，有学者认为，前期西太平洋赤道东风带持续增强使西太平洋聚集暖水，造成太平洋西部相对于东太平洋下倾，产生

转速度减慢有关。

到目前为止，人们对这支形迹不定，出现无常的厄尔尼诺现象仍然是众说纷纭，难以定论。厄尔尼诺这种海气之间的相互作用和影响又直接扰乱全球的气候。于是，人们认为厄尔尼诺现象是反映大洋海水温度和气候异常变化的重要信息，只要掌握了厄尔尼诺海流的产生和发展规律，才有可能弄清全球气候变化规律。但是，科学家们的良好愿望与目前海洋科技的发展有较大的差距。因为在一望无际的大洋里，仅用目前的海洋调查手段所获取的资料，远不能满足海洋研究的需要。由于缺乏热带太平洋较为系统的资料，特别是西太平洋方面的资料，加之这支海流有时不见踪

回复力，随后东风气流减弱，形成自西向东传播的开尔文波。从而导致东太平洋水温异常增暖的现象。也有人认为厄尔尼诺和南方涛动是一种短周期的全球变化。在它们发生期间，海气间相互作用，大气对海洋的作用主要表现为风力效应，而海洋对大气的作用主要表现为热力效应。赤道东太平洋海温增暖可使南方涛动减弱，而后者又可使赤道信风减弱而引起赤道海温增暖。还有人认为厄尔尼诺现象与地球自

影有时又极度发展，又给调查和研究带来困难。因此，厄尔尼诺的很多问题，便成为20世纪90年代海洋、大气科学的研究热点。

首先发生厄尔尼诺现象时，它是如何形成的？那巨大的暖水是从何处来的？它的热源在那里？过去，科学家们曾提出各种各样的假说，有的说是海底火山爆发；有人认为，热源来自地心等等。不管哪种解释，都拿不出令人信服的依据。此外，太平洋发生厄尔尼诺现象有没有其自身的规律？例如，它发生周期的长短受什么制约；它的发生、生长与消退，以及强度有哪些代表性的信号等。

其次，在大洋中发生厄尔尼诺的特点之一是发生范围大，时间长，这给我们监视、监测带来了极大的困难。比如如何确定反映厄尔尼诺过程的发生时间、结束时间，以及监测位置等。

最后，大洋中出现厄尔尼诺现象为什么能影响全球气候？人们能不能通过预测厄尔尼诺现象的发生，来预报异常气候？

今天，科学家们仍旧坚持不懈地研究厄尔尼诺现象，随着科研设备的不断更新与完善，我们有信心揭开它的秘密，准确预测它的到

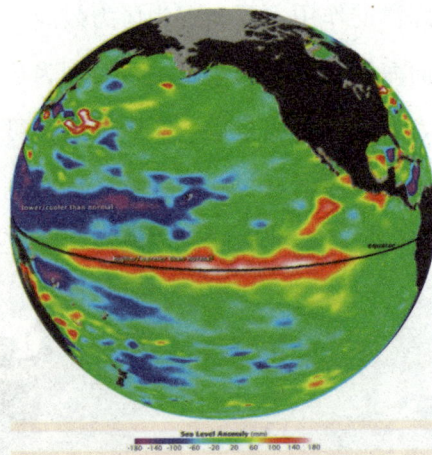

来，把厄尔尼诺现象作为一个信使，通过它来预报异常气候。

神奇现象

◆ 地磁场方向变化

中国人在两千多年前，用磁石挖制成勺形，即"司南之勺"，用于占卜。此后的探险家和地质学家借用指南针来测定方向。指南针的出现解决了人们在外出时候迷失方向的困窘：不论身处如何荒凉广漠的地方也不怕迷路，因为指南针的磁针永远指向北方。

假如指南针出现在3万年前，那么当时指南针所指的方向很可能会是南方，将来磁针也很可能再次

指向南方。这究竟是什么原因呢？

我们知道，地球也是一个磁体，在太空中不停地转动，像电子在院子中旋转一样。地球自转，地球内部原子所带的电荷也在移动，形成电流，产生一个南北向的巨大磁场。

地质学家们有一个十分惊人的发现：地球的磁场能够倒转。火山熔岩在冷却过程中所吸收的地磁并没有消失，地址学家研究这些熔岩，发现有些地方的熔岩，磁化方向是由北向南的。经过进一步研究，发现世界各地凡属同一时代的岩石，磁化方向都相同。从这里我们可以断定：熔岩凝固时，地球磁场方向与现在的相反。

地球的磁场不止一两次发生过倒转现象。过去的70万年来，通常

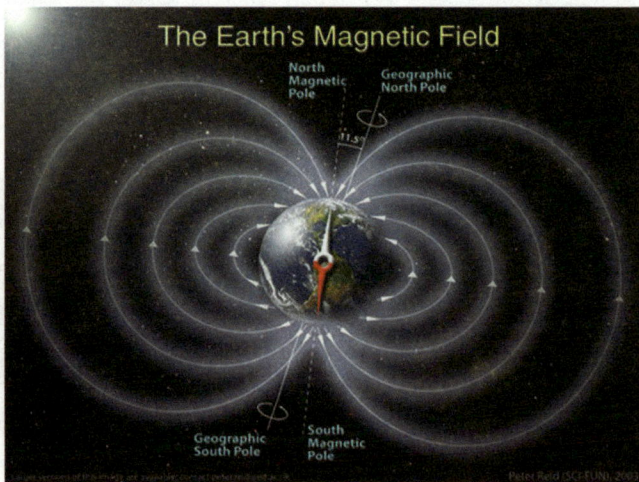

地理北极与磁北极基本上一致，这段期间至少有过5次短暂倒转，其中一次约发生在3万年以前，过去450万年内，南北磁极倒转过至少20次。地磁场发生这些变化没有任何规律可循，因此，没法对地磁场作出相应的测量。

遇到这种情况，地球表面上，除了指南针从指北转为指南以外，还会产生更激烈的变化。地球磁场像盾牌一样，挡住从太空不断袭来的放射性粒子，将之引向南北两极，形成极光。地球磁场的强度将至最低时，就无法挡住这些放射性的粒子，不仅人类将受到大的损害，地球上其他生物也同样要遭殃，有些甚至会因此而灭绝，有些则因基因受损而产生变异。

虽然这些说法听起来是十分可怕的，但是生物学家相信每隔10万年至5000万年这类辐射袭击就发生一次，有磁极生物进化的作用。据此推断，说不定，人类就是磁极倒转后最早由兽进化而成的。

◆ 奇特的植物生长方向

众所周知，植物的生长是有一定的方向性的，它们对于自己周

围的生长环境的反应是十分奇妙的。比如从一粒小小的植物种子萌发开始，它就知道根应该往地下生长，而茎干则伸向天空。这是一个极为普通的现象。那么植物为什么会有一定的生长方向呢？它是怎样懂得"上"和"下"的概念呢？又是由什么力量促使它选择根朝下、茎朝上的生长方向呢？植物特有的生长方向是由于什么生长机制控制的呢？

对于这个问题的研究，科学家们首先想到的是重力，在物理学中有关力学的知识告诉大家，地球是有一定的引力的，因此，科学家认为地球的引力一定是影响植物生长方向的重要因素。当时，英国著名的生物学家、进化论的鼻祖达尔文曾观察到，植物的芽和根在改变生长方向时，各部分细胞的生长速度不同，但这又是由什么来决定的呢？达尔文无法作更进一步的解释。

1926年，由美国植物生理学家弗里茨·温特做了一个试验：他使植物的胚芽鞘一面受光照，另

一面对着无光的黑暗处，结果胚芽鞘的生长发生了有趣的变化，渐渐地朝着有光的方向弯曲。后来温特从胚芽鞘中分离出一种化合物——植物生长素，它具有促使植物生长的功能。胚牙鞘受到遮荫部分生长加快，受光部分则由于缺少生长素而生长较慢，结果导致发生弯曲。于是温特认为，植物的茎或叶片的弯曲是由于生长素在组织内的不对称分布造成的。当植物受到策略刺激时，植物组织下部的生长素含量会大大增加，于是植物的生长方向就成为根朝下生长，而茎却向上生长。

植物生长素的秘密被温特发现之后，很多科学家投入到这一研究领域。他们发现，植物根总是朝着地心引力的方向生长，这同样是通过生长调节剂在根细胞里不同的分布来实现的。于是这些学者们提出，也许有一种被称为"平衡面"的策略感应物流向根细胞的底部，从而影响生长调节剂在细胞中的分布。水平放置的根，其上面比下面生长快，致使根向下生长，可是这种"平衡面"究竟是什么呢？它又是通过什么样的机理作用于植物的呢？学者们一时对于这样的问题无法解释。

随后，美国俄亥俄州立大学的植物学家迈克尔·埃文斯以

及他的同事，提出了一个崭新的理论。他们认为，无机钙对于植物的生长方向起着举足轻重的作用。因为他们在研究中发现，在植物的弯曲生长过程中，无论是根冠下侧部位还是芽的上侧部位，都存在着高含量的无机钙。那么无机钙又是如何使植物辨别方向的呢？埃文斯解释说，因为根冠有着极为丰富的含淀粉体的细胞，而淀粉体就会把其内部的钙送到根冠下侧。这时，如果用特殊的实验手段去阻止钙的移动，植物马上就会表现出不按正常的方式去生长的情况。同样，植物的芽虽然没有冠部，但也含有丰富的淀粉体，淀粉体

也能将其内部的无机钙送到上侧的细胞中，这就可以表明，无机钙在植物生长的时候对其生长方向存在着不可忽视的作用。

那么，既然淀粉体内有许多无机钙，而无机钙又能在植物体内来去自如，除了重力之外，又是哪一种力量使无机钙如此方便地上下移动呢？最近，美国德克萨斯州立大学的研究人员斯坦利·鲁在研究中发现，这是由于细胞的上端和下端之间的电荷不同，两端电荷的不一致引起细胞极化。结果，为数众多被极化的细胞排列在一起，总电荷强得就足够吸引任何相反电荷的钙原子，驱使它

们在体内移动。于是斯坦利·鲁提出，由于细胞的极性带动钙的移动，从而导致植物茎干总是向上生长，而根则朝地下生长。

目前，对于植物的生长方向的问题还在继续的探讨中，成为生物学家十分关注的课题研究，究竟使得植物具有这样特殊的生长方式的力量是什么呢？是植物生长素还是无机钙？是细胞的极性还是数者兼有之？植物学家们也没有给出确切的答案，揭开植物生长方向之谜还待进一步探索与研究。

◆ 神奇的鬼火与群火

鬼火和群火都是发生在自然界

的无名之火。在美国新泽西州毗邻长古镇的一条铁路线上，每到夜晚，人们就会发现地空中突然出现

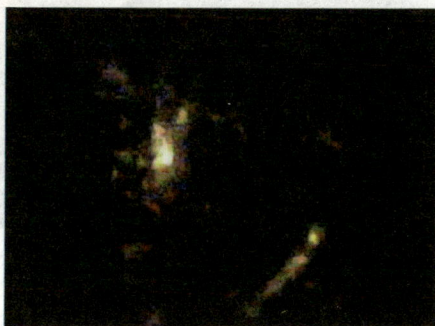

一团团神秘的火球到处飘游。人们疑为"鬼火"。1976年，一些科学家卡开始对"鬼火"进行了探索。

（1）鬼火现象

研究者发现"鬼火"都出现在石英矿的断层带附近，因而估计与石英的压电效应有一定关系。为了验证这一设想，他们做了一次人工地震的试验。果然当地震发生时，一起记录下了石英因受压而产生激变电压并伴随出现辐射现象。与此同时，红外摄像仪则拍下了"鬼火"。从而证实了"鬼火"产生确实与石英的压电效应有关。由于长

古镇附近的断层是一种活动断层，当断层发生错动时，底下的适应受到压力，产生压电电荷。电荷聚集到一定数量便会释放电。弱放电主顾强烈，就会使地面的空气大量电离，温度骤升，出现一团团直径为5～10厘米大小的光球，就是人们所说的"鬼火"。

（2）群火现象

在我国广西壮族自治区兴安县，有一个额角小宅村的地方曾发生过奇怪的燃烧现象。自从1981年以来，小宅村每年一到秋季，就会接连地发生莫名其妙的火灾，有时候一天发生20多起。由于每次气火都是好几处同时发生。专家称其为"群火现象"。经过专家们对小宅村的调查，发现村子附近地下有一个煤层，而村西处2000米的地方正在开采硫磺矿。因此，专家认为这种现象可能与地质结构有关。根据实验表明，气体硫和空气中的氧气结合形成硫酸。硫酸是强吸湿剂，可以吸收物质中的水分而使他碳化燃烧起来。小宅村的群火现象有可能就是因此而产生的。

神秘成因

◆沙漠成因的秘密

沙漠（亦作"沙幕"）是指沙质荒漠，地球陆地的三分之一是沙漠。因为水很少，一般以为沙漠荒凉无生命，有"荒沙"之称。和别的区域相比，沙漠中生命并不多，但是仔细看看，就会发现沙漠中藏着很多动植物，尤其是晚上才出来的动物。沙漠地域大多是沙滩或沙丘，一般为风成地貌。沙下岩石也经常出现。有些沙漠是盐滩，完全没有草木。

沙漠里有时会有可贵的矿床，近代也发现了很多石油储藏。沙漠地区少有居民，资源开发比较容易。沙漠气候干燥，但它却是考古学家的乐居，因为在那里可以找到很多人类的文物和更早的化石。

全世界陆地面积为1.49亿平方千米，占地球总面积的29%，其中约1/3(4800万平方千米)是干旱、半

利亚大沙漠、阿拉伯半岛鲁卜哈里大沙漠等。这是因为地球自转使得这些带长期笼罩在大气环流的下沉气流之中，气流下沉破坏了成雨的过程，形成了干旱的气候，造就了浩瀚沙漠。

然而，这一理论并不能解释所有沙漠的成因，比如塔尔沙漠，它的上空湿润多水，而且当西南季风来临时，那里的空气中，水汽含量几乎可与热带雨林区相比，但它的地上却是沙漠遍野。美国的科研人员经过研究认为尘埃是形成沙漠

干旱荒漠地，而且每年以6万平方千米的速度扩大着。而沙漠面积已占陆地总面积的10%，还有43%的土地正面临沙漠化的威胁。

传统观念认为，沙漠是地球上干旱气候的产物。从地球上沙漠分布来看，也证实了这一观点。目前世界上大部分沙漠都集中在赤道南北纬15°～35°之间，如北非的撒哈拉大沙漠、澳大利亚的维多的主要原因。

科学家们发现，塔尔沙漠上空浑浊不堪，尘埃密度可超过芝加哥上空几倍，每平方千米上空可漂浮尘埃达1吨半多，分布高度比城市上空要高。尘埃白天遮住了阳光，大气呈灰蒙蒙的，有些暗红色，夜间也不见群星。尘埃一方面反射一部分阳光，另一方面吸收一部分阳光，使本身增湿而散热。白天因为尘层增温地面缺少加热，空气就不能上升。夜间尘埃以散热冷却为主，空气下沉，减弱地面散热。于是这里没有了降雨条件，使地面只能形成沙漠。

到底这么多尘埃源于何处呢？有学者指出，塔尔沙漠的尘埃最初是人类造成的，后来沙漠又加剧了密度。提出人类破坏生态环境，制造了沙漠，还用撒哈拉沙漠作例。

也有人认为撒哈拉沙漠的形成最初很慢，直到公元5000年，不知道从什么地方飞来铺天盖地的黄沙，才使得变成了无边的沙漠。到底是什么制造了沙漠，是人类，还是气候？还是两者共同创造的，这个问题仍在争论中。

◆火山之谜

地壳之下100～150千米处，有一个"液态区"，区内存在着高温、高压下含气体挥发成分的熔融状硅酸盐物质，即岩浆。它一旦从地壳薄弱的地段冲出地表，就形成了火山。

火山活动能喷出多种物质，在喷出的固体物质中，一般有被爆破碎了的岩块、碎屑和火山灰等；在喷出的液体物质中，一般有熔岩流、水、各种水溶液以及水、碎屑物和火山灰混合的泥流等；在喷出的气体物质中，一般有水蒸汽和碳、氢、氮、氟、硫等的氧化物。除此之外，在火山活动中，还常喷射出可见或不可见的光、电、磁、声和放射性物质等，这些物质有时能致人于死地，或使电、仪表等失灵，使飞机、轮船等失事。

火山喷发可在短期内给人类和生命财产造成巨大的损失，它是一种灾难性的自然现象。然而火山喷发后，它能提供丰富的土地、热能和许多种矿产资源，还能提供旅游资源。

许多书籍中都对火山喷发的情形做了详细的描述。早在2000多年前，中国古代典籍《山海经》中就记载了昆仑山一带有"炎火之山"，以为"山在燃烧"，因名"火山"。这是世界上关于火山最早的记载。在《黑龙江外传》中记述了黑龙江五大连池火山群中两座火山喷发的情况。"墨尔根（今嫩江）东南，一日地中出火，石块飞腾，声振四野，越数日火熄，其地遂成池沼。此康熙五十八年事。"

火山按其活动性质，可分为活火山、休眠火山和死火山三种类型。活火山是指现代尚在活动或周期性发生喷发活动的火山。这类火山正处于活动的旺盛时期。如爪吐岛上的梅拉皮火山，20世纪以来，平均间隔两二年就要持续喷发一个时期。我国近期火山活动以台湾岛大屯火山群的主峰七星山最为有名。大陆上，仅6年在新疆昆仑山西段于田的卡尔达西火山群有过火山喷发记录。火山喷发形成了一个平顶火山锥。有史以来曾经喷发过，但长期以来处于相对静止状态的火山为休眠火山。此类火山都保存有完好的火山形态，仍具有火山活动能力，或尚不能断定其已丧失火山活动能力。如我国白头山天池，曾于1327年和1658年两度喷发，在此之前还有多次活动。目前虽然没有喷发活动，但从山坡上一些深不可测的喷气孔中不断喷出高温气体，可见该火山目前正处于休眠状态。史前曾发生过喷发，但有史以来一直未活动过的火山为死火山。此类火山已丧失了活动能力。

有的死火山仍保持着完整的火山形态，有的则已遭受风化侵蚀，只剩下残缺不全的火山遗迹、我国山西大同火山群在方圆约123平方千米的范围内，分布着99个孤立的火山锥，其中狼窝山火山锥高将近1900米。

火山喷发时地球表面就像被炸开了一条连接地心身处的通道，一根通向岩浆原地的"喉管"。一时间，大量炙热的岩浆、气体、尘埃和威险碎屑、熔岩块、石块等，从"喉管"中喷发而出，冲向高空，形成一根巨大粗壮的火柱。火柱冲到一定高度，体积急速膨胀，次年改成了似氢弹爆炸的蘑菇状烟云。云烟是由喷出去的气体、水蒸气以及细小的火山碎屑物、岩屑物质等构成的，其中带正电荷的大量水汽与带负电荷的火山灰在高空相遇，由于高空气温低，两者迅速结合凝成雨滴，以暴雨形式降落，并伴有闪电雷鸣，形成一种自然现象。

◆冰川之谜

冰川魁梧而挺拔，在阳光的

一系列变化转变而来的。要形成冰川首先要有一定数量的固态降水，其中包括雪、雾、雹等。没有足

照射下显得晶莹剔透，堪称大自然又一精心打造的杰作。然而如此美丽的冰川是如何而来的呢？

实际上，冰川冰是由降落到地面的雪转变而来的。冰川是水的一种存在形式，是雪经过

够的固态降水作"原料"，就等于"无米之炊"，根本形不成冰川。雪花一落到地上就会发生变化，随着外界条件和时间的变化，雪花会完全丧失晶体特征，形成圆球状雪，即粒雪，粒雪使积雪的密度逐渐增加。这一过程在温度接近融点和存在液态水时进行得最快。其后，占优势的重结晶作用的平均粒径增大。当集合体的密度达到约0.84克/立方厘米时，颗粒之间便没有空隙，从而变得不可渗透。这标志着从粒雪到冰川冰的转化。

冰川是一种由多年降雪不断积累变质形成的，具有一定形状并且是运动着的，较长时间存在于地球寒冷地区的天然冰体。冰川不同于一般天然或人工冻结的冰，它能够在自身重力作用下，沿着一定的地形向下滑动。

冰川存在于极寒之地。地球上南极和北极是终年严寒的，在其他地区只有高海拔的山上才能形成冰川。我们知道越往高处温度越低，当海拔超过一定高度，温度就会降到0℃以下，这样降落的固态降水才能常年存在。冰川学家把这一海拔高度称之为雪线，在雪线处，雪的聚积量和消融量处于平衡状态。

在南极和北极圈内的格陵兰岛上，冰川是发育在一片大陆上的，所以称之为大陆冰川。而在其他地区冰川只能发育在高山上，所以称这种冰川为山岳冰川。山岳冰川在高山上，冰川能够发育，除了要求有一定的海拔外，还要求高山不要过于陡峭。如果山峰过于陡峭，降落的雪就会顺坡而下，形不成积雪，也就谈不上

形成冰川了。

积雪变成粒雪后，随着时间的推移，粒雪的硬度和它们之间的紧密度不断增加，大大小小的粒雪相互挤压，紧密地镶嵌在一起，其间

的孔隙不断缩小，以致消失，雪层的亮度和透明度逐渐减弱，一些空气也被封闭在里面，这样就形成了冰川冰。冰川冰最初形成时是乳白色的，经过漫长的岁月，冰川冰变

得更加致密坚硬，里面的气泡也逐渐减少，慢慢地变成晶莹透彻，带有蓝色的水晶一样的老冰川冰。

虽然我们很少有机会见到冰川，但是那美丽的冰川给我们带来了无限的遐想空间，我们期待了解更多有关冰川的情况，有朝一日可以利用冰川为我们的生产、生活做贡献。

◆仙佛提灯之谜

我国的庐山、青城山、峨眉山等地，在没有月光的夜里，漆黑的山谷内有时会出现很多荧荧火光。火光时亮时暗，忽高忽低，大小不定；时而聚集，时而分散。古人称这些荧荧的火光为"佛灯"，认为它是过路的仙佛提在手上的灯笼。根据亲眼见过"佛灯"的人叙述，"佛灯"很像天上的星星，只是颜色不同，有白、青、蓝、绿等色。站在山上看，"佛灯"大多在山下，高度很低。

古人在诗中也曾描述过"佛灯"，如南宋诗人范成大、明代学者王阳明等。因为"佛灯"现象很少见，就连居住在庐山几十年的人也不一定能看到，所以"佛灯"究竟是怎么回事，一直是个谜。

1961年秋，竺可桢在考察庐山后，曾把"佛灯是谁点燃的"这一问题作为庐山大自然的三大谜题之一提出来。

关于"佛灯"的说法多种多样。有人说是山下灯光的折射，有人说是星光在水中的反射，有人说是大萤火虫在山间飞舞，有人说是山里蕴藏着会发光的矿石，更多的人认为"佛灯"就是磷火，即"鬼火"。山里面死去的动物骨骼或含磷地层中的磷质，跟空气中的水分发生化学反应，产生了磷化氢和五氧化二磷气体。由于这些气体在空气中十分容易自燃，加上它们比空气轻，就会随风飘动。另外，这些气体燃

烧时发出的光比较弱，自然只有在夜间才能见到。

但反对者认为，磷火大多是贴着地面缓缓移动，不可能像有的目击者说的那样，高的在半空中和云在一起。还有磷火的亮度并不高，庐山文殊台和青城山神灯亭都很高，峨眉山金顶的海拔超过3000米，站在这样高的地方，绝不会清楚地看到磷火。

在1981年，海军航空兵飞行员郭宪玉提出了新看法："佛灯"是天上的星光反射在云上的一种现象。他结合自己飞行时的感受认为，夜间飞机在没有月亮的云层上空飞行时，下面的云层就像一面镜子。从上往下看，只能看到云反射的无数星光，而不容易瞧见云的影子。所以，在没有月亮的夜晚，云层飘浮在庐山的文殊台下，天上的星光反射到云层上，就有可能出现"佛灯"的现象。由于云层忽高忽低，所以它反射的星光也千变万化。

但此种观点却不能解释，"佛灯"只在庐山的文殊台、青城山的神灯亭和峨眉山的金顶这三个地方出现的原因。

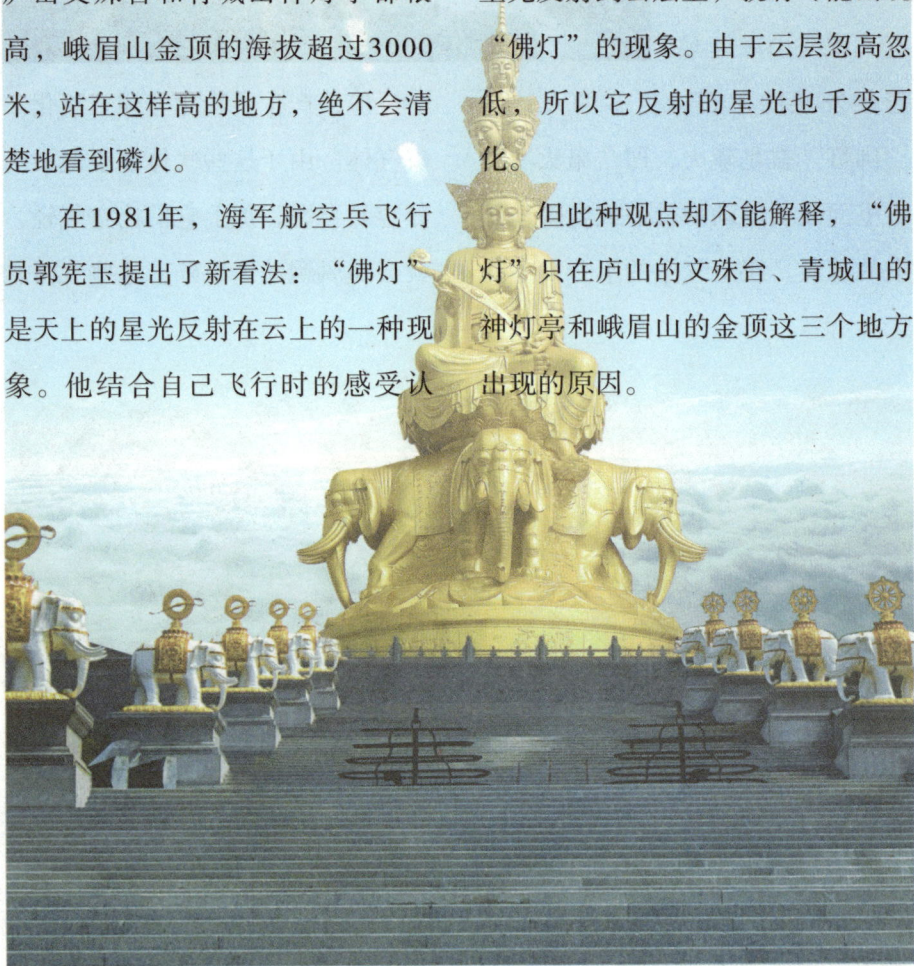

第二章

自然界奇观

　　大自然如一首交响曲，一首又一首优美的曲子如灵泉一般流了出来。这里有泉水叮咚，有小溪潺潺，也有江河的澎湃，有灵石的神秘，有山川的深邃，有岛屿的静谧，也有宇宙的广袤无垠，这些各具特色的山水景物共同构成了美丽的自然界奇观。

　　石棺为何能流出潺潺的清泉？看上去十分普通的石头为何会预报气象和报时呢？难道石头也是人类发展到高科技时代出现的智能产物吗？浩瀚的宇宙中，美丽的银河系是怎样诞生的呢？优雅动人的流星雨是怎么形成的呢？未来世界里地球的命运将会如何呢？难道未来的太阳真的会毫不留情的将地球吞噬吗？湖泊也有生死轮回一说吗？冰冷难耐的南极为何会出现暖水湖呢？

　　面对这些奇异的自然奇观，我们将为各位读者揭开其中的奥秘所在……

丝丝涛泉

◆ 神奇的海底热泉

海底热泉是地壳活动在海底反映出来的现象。它分布在地壳张裂或薄弱的地方，如大洋中脊的裂谷、海底断裂带和海底火山附近等。

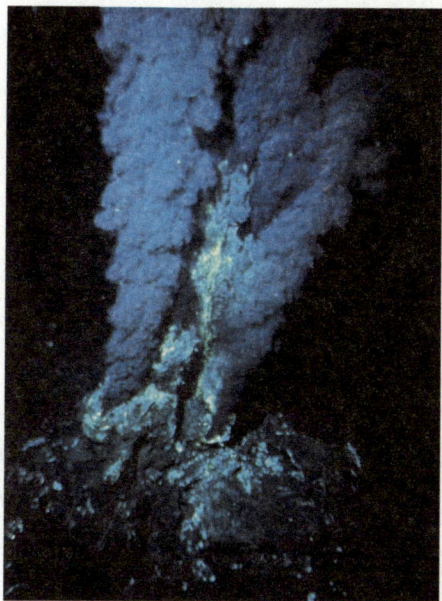

大西洋、印度洋和太平洋都存在大洋中脊，它高出洋底约3000米，是地壳下岩浆不断喷涌出来形成的。洋脊中都有大裂谷，岩浆从这里喷出来，并形成新洋壳。两块大洋地壳从这里张裂并向相反方向缓慢移动。在洋中脊里的大裂谷往往有很多热泉，热泉的水温在300℃左右。大西洋的大洋中脊裂谷底，其热泉水温度最高可达400℃。在海底断裂带也有热泉，有火山活动的海洋底部，也往往有

颜色大不相同。有的烟呈黑色，有的烟是白色的，还有清淡如暮霭的轻烟。

经分析发现"烟囱"喷出的物质中含有大量的硫磺铁矿、黄铁矿、闪锌矿和铜、铁的硫化物等物质，对硫磺铁矿的液体进行测定表明，其外壁由石膏、硬石膏、硫酸镁组成，而与热水接触的内壁则为粗大的结晶黄铜矿和黄铁矿。"烟囱"底部有黑色细粒沉淀物，其中含有闪锌矿、硫磺铁矿、黄铁矿及铅锌矿和硫等。在其周围的水样中氦-3和氢锰的含量较高。

科学家们还在太平洋、印度

热泉分布。除大洋中脊有火山活动外，在大陆边缘，受洋壳板块俯冲挤压形成山脉的同时，往往有火山喷发，在它的附近海底也会有热泉分布。

海底热泉是一个非常奇异的现象：蒸汽腾腾，烟雾缭绕，烟囱林立，好像重工业基地一样。而且在"烟囱林"中有大量生物围绕着烟囱生存。烟囱里冒出的烟的

洋、大西洋的中脊和红海等地相继发现了许多正在活动的和已经死亡的"烟囱"。海底热泉为什么出现在大洋中脊呢？原来，洋中脊是多火山多地震区，岩石破碎强烈，海水能通过破碎带向下渗透，渗入的冷海水受热后，以热

泉形式从海底泄出。在冷海水不断渗入、热海水不断排出的循环过程中，洋底玄武岩中铁、锰、铜、锌等元素溶于热海水中，成为富含金属元素的热液而喷涌出来。由于洋中脊是大洋板块的分离部位，那里的岩石圈地壳

最薄弱，因此又是地幔热流最好的突破口。热泉水带上来的物质多金属硫化物或氧化物，它们沉淀在热泉喷口周围，形成具有经济价值的"热液矿床"。

海底热泉的发现与研究，打破了人们对深海大洋的传统看法，在认识海洋、开发海洋方面提出了一系列新的问题。在地质学方面，海底热泉是人们能够看到的海水在洋

壳里不断循环的现象。

◆ 月牙泉

月牙泉，古称沙井，俗名药泉，自汉朝起即为"敦煌八景"之一，得名"月泉晓彻"，位于甘肃省河西走廊西端的敦煌市。南北长近100米，东西宽约25米，泉水东深西浅，最深处约5米，弯曲如新月，因

而得名，有"沙漠第一泉"之称。一弯清泉，涟漪萦回，碧如翡翠。泉在流沙中，干旱不枯竭，风吹沙不落，蔚为奇观。历代文人学士对这一独特的山泉地貌、沙漠奇观称赞不已。

敦煌遗书载："鸣沙山中有井泉，沙至不掩……绵力古今，沙填不满。"古诗中有："四面风沙飞野马，一潭云影幻游龙""银沙四面山环抱，一池清水绿涟漪"。千百年来，河西不少名城古镇、关隘哨卡为风沙

埋没，月牙泉却不枯不竭。

　　月牙泉，梦一般的谜，千百年来不为流沙而淹没，不因干旱而枯竭。在茫茫大漠中有此一泉，在黑风黄沙中有此一水，在满目荒凉中有此一景，深得天地之韵律，造化之神奇，令人神醉情驰。"晴空万里蔚蓝天，美绝人寰月牙泉，银山四面沙环抱，一池清水绿漪涟"。于是有了史诗般的传说：月牙泉是位美丽痴情的南国少女，带着南国的灵秀，不远万里，来到浑朴犷悍的北方，须弥她深爱的情人，可是她太累了，于是倒在浩瀚的大漠上，一躺就是千年。漫卷的黄沙牵绕着她的梦幻。沙岭似长弓微弯，清泉如半月巧秀。月牙泉最像初五的一弯新月，落在黄沙里。泉水清凉澄明，味美甘甜，在沙山的怀抱中娴静地躺了几千年，虽常常受到狂风

凶沙的袭击，却依然碧波荡漾。

月牙形的清泉，泉水碧绿，如翡翠般镶嵌在金子似的沙丘上。泉边芦苇茂密，微风起处，碧波荡漾，水映沙山，蔚为奇观。

对于月牙泉百年遇烈风而不为沙掩盖的不解之谜，有许多说法。有人认为，这一带可能是原党河河湾，是敦煌绿洲的一部分，由于沙丘移动，水道变化，遂成为单独的水体。因为地势低，渗流在地下的水不断向泉中补充，使之涓流不息，天旱不涸。这种解释似可看作是月牙泉没有消失的一个原因，但却无法说明为何飞沙不落月牙泉。

其实，敦煌历来西南风较多，刮西风时，由于泉附近比较潮湿且以前有植被，近处沙坡低缓起伏，

速度极快，动能很大，因而吹到山背的沙子速度很快，而靠月牙泉一边主峰坡度极陡，因此沙子从山脊骤然飞起，凌空而过

而较远处又为高山所围，所以沙刮不起来，而远处的沙又吹不到泉边，起南风时，泉南有广阔的高台及树木、建筑阻隔，沙子很难落入水中，同时还把北面山脚流泻下来的沙吹卷到鸣沙山上，从而防止了北山脚沙子堆积拥向月牙泉。起北风时，主峰另一面的沙子飞速地沿月环形沙丘向山梁上滚动。沙子沿山梁上滚，其

飞越月牙泉，落到对岸。风越大，沙子落下时距泉越远，而山下因有主峰为屏，几乎无风。这就是"虽遇烈风而泉不为所掩"及"沙挟风而飞向，泉映月而无尘"之原因所在。

◆石棺中的清泉

法国的比利牛斯山西麓有个阿里休尔特什村，该村以一个奇怪绝伦的石棺而扬名天下。据石棺上文字记载：此棺是1500年前的能工巧匠用整块大理石精雕细凿而成。公元960年，村民们将专程从罗马运来的波斯公爵桑特兄弟阿卜顿和圣南的尸首殓于其中，并在棺盖与棺体之间凿一小孔，并安上一根钢弯管。

数年后的一天，突然一股清泉从棺内向外汩汩流淌，从早到晚昼夜不息。据测定，每天流量达400公斤左右。即便天干地涸的大旱之年，也照样如此。这个长193厘米的石棺紧紧密闭，固若金汤，棺盖与棺体已连为一体。棺内有无骸骨，人们不得而知。但经过反复试验，清澈透明的泉水清凉纯正，是不可多得的上好饮用水。并且传此水对治疗湿疹、慢性胃病及肝病有神奇功效。据村民们说，这神奇之水，放进没有盖子的容器里也不会蒸发，装在密封的罐子里也不会臭变浊。

据说1942年10月，希特勒纳粹士兵闯入阿里休尔特什村，在石棺上撒尿拉屎，倾倒污水脏物，不久便出现了泉水枯竭的奇怪现象。数年后，当村民将石棺周身彻底洗净以后，泉水又恢复了"生命"，直至今日，仍是源源不断地日夜流淌。1529年西班牙士兵经过这里，曾在小镇驻扎了几天，在短短的几天中竟从石棺中吸取了约1000立升的清水。1950年时逢大旱，石棺仅一个月就蓄水200立升，石棺的水吸引了不少专家的注意并进行研究。

1961年7月，从法国格勒诺布尔市来了两个决意揭秘的工程师。他们经过一番苦心研究后断言，泉水是由渗透入棺的地下水、雨水以及空气中的湿气组合而成。他们请人用砖木将石棺垫高架空，四周裹以塑料薄膜，又亲自守卫，以防他人从弯管棺内灌水。可是，这两位工程师的断言被事实否定了。他们辛苦地守护了40天，泉水依然长流不止。1970年，英国《泰晤日报》悬赏10万美金，奖励揭晓石棺之谜者。于是英国、美国、荷兰、德国、西班牙、瑞士、比利时等19个国家的100多名专家、学者，先后前来寻幽探秘，但均以失败而告终。

千百余年来，这里的居民每天都从附近村庄来此取水。慕名而来的研究人员和旅游者更是络绎不绝。石棺却尘封依旧，并没有渗水的痕迹。而且这水与附近涌出的水不同，含有微量砷、氟、锶等物质，成分相去甚远。

那么这神奇之水到底怎么形成的呢？迄今仍悬而未解。

◆ 间歇泉

在中国西藏雅鲁藏布江上游的搭各加地有一种神奇的泉水——间歇泉。间歇泉的泉水涓涓流淌，在一系列短促的停歇和喷发之后，随着一阵震人心魄的巨大响声，高温水汽突然冲出泉口，即刻扩展成直径 2 米以上、高达20米左右的水柱，柱顶的蒸汽团继续翻滚腾跃，直冲蓝天。它的喷发周期是喷了几分钟或几十分钟之后就自动停止，

隔一段时间才再次喷发。间歇泉即是因它喷喷停停、停停喷喷而得名。

中国湖北省咸宁市九宫山景区中有一个叫"三潮泉"的间歇泉，位于隐水洞旁的三潮泉村，当地村名因间歇泉而得名。泉水一日涌流三潮，涌潮时，泉水奔涌而出，哗哗呼吼，白浪翻滚，如珍珠奔涌，历时三、四十分钟左右，潮过后又恢复以往的宁静，几百年来日日如此。

除了中国的间歇泉外，在冰岛首都雷克雅未克以东约80千米处，还有一处举世闻名的间歇泉——"盖策泉"。这个泉在间歇时是一

个直径20米、被热水灌得满满的圆池，热水缓缓流出。不久，池口清水翻滚暴怒，池下传出类似开锅时的呼噜声，随之有一条水柱冲天而起，在蔚蓝色的天幕上飘洒着滚热的细雨，这条水柱最高可达70米。此泉每小时喷射几次，每次持续约4~10分钟。

最早引起人们注意的是斯托里间歇泉（大喷井），它与斯特罗克尔间歇泉在同一地区，西文语言中的"间歇泉"一词均来源于此。斯托里间歇泉过去曾非常活跃，现在已平静下来，只是偶尔喷水。间歇泉一般出现在岩浆（熔岩）接近地面处，那里炽热的岩石会把水烤热。

如果水能自由泄流，它将像温泉或泥塘一样来到地面。如果水被封入岩石中的天然管道内，它将很快变热，并且部分水在巨大的压力下会变成蒸汽。当蒸汽的源压逐渐积聚增强时。一股巨大的水和蒸汽流便从地面喷射而出。水

加热和制造蒸汽的过程一直在进行者，所以间隔一段时间后另一股水

和蒸汽的喷射流又迸发了。

在雷克雅未克，工厂和家庭的供热来自于天然热水，人们通常在温泉洗涤，甚至在地面的凹地里焙烤面包。在诨名为"温泉花园"的惠拉盖尔济，盛产由温泉供热的温室生产香蕉、色拉蔬菜、葡萄、兰花和玫瑰等。

冰岛西南部奥尔内斯省的间歇泉，在13世纪喷出沸水。其圆池直径18米，深1.2米，虽然喷水常比附近间歇泉少，但其水柱高度有时可达61米。1916年以来，可能由于人们向里扔垃圾废物，该泉水势已不盛。

此外，美国黄石国家公园里面也有很多间歇泉。其中最有名的一个，叫做Old Faithful，每隔40多分钟就爆发一次，上百年来从未间断，大概这就是为什么人们给它取名叫Old Faithful的缘故了。

然而，间歇泉歇歇流流的原因究竟是什么，还有待于进一步研究。

神奇怪石

◆气象石

自然界中，有一些奇特的石头，它们与气象息息相关。

1988年在川鄂交接的四川省石柱县马武乡安田村，发现了一块能准确预告方圆几里天气变化情况的石头。这块神奇的石头变干变湿，与天气变化有极为密切的关系。当水珠汇集于该石表面的某一方时，预示那一方将要下雨；当水珠汇集于石头中部预告为当地即将下阵雨；当水珠布满石头表面时，就预

面。其一是形状奇特：整块石像假山，沟壑纵横，纹理天然，状如骆驼，形神兼具。其二是功能奇特：它能准确无误地显示出当地天气变化情况。当假山呈白色时，表示阳光普照，晴空万里；自由转灰时，天气即由晴转阴；一旦石头颜色变为深灰，且假山顶峰呈现墨色，则说明小雨即将来临；当墨色浸满整座假山，且浑身湿漉滴水时，则意味着大雨滂沱，山洪即将爆发。

在贵州三都自治县的板甲乡，也有一块奇异的巨石。自20世纪70年代以来，有人就发现它有预告天气变化的功能，其准确程度不亚于电视和广播中的天气预报，被当地

示着将要下大雨；更神奇的是，每当石头表面潮湿变黑时，即预示着阴雨连绵的天气来临；当石头表面由潮湿转干发白，就告诉人们久雨不晴的天气要结束了。如石头冒蒸气则是多云有雾、气温下降。

无独有偶，在安徽省黟县西牙乡陈阁村的一位农民家里，也珍藏着一座高约2尺的奇石。说它奇有两个方

老百姓誉为"晴雨石"。如石面呈白色，则表示天气晴朗；如石面呈暗色，则预示风雨来临；若久雨

后由黑转白，则预兆天气将由阴转晴。

另外，还有能够预告汛期的奇石。我国广西壮族自治区环江县东兴乡怀村渡口有一巨石，从河底拔地而起，东向俯卧。此石乍看与普通石头并无两样，奇就奇在露出水面部分，会改变颜色。时而红，时而青，进而黄。当奇石出现红色时，2~3日河水必涨，颜色愈深，水涨得越高。涨过之后，红色即褪，出现青色或黄色。有些石头在大雨来临前有"回潮"现象。

人们将这些能预示天气变化的奇石称为"气象石"。气象石为什么能预示天气变化呢？一些科学家研究认为，可能是大气压和空气湿度的相对改变引起石面颜色改变的结果。但同样的气压和湿度改变为何不会使普通石头变色呢，这至今仍是有趣的"自然之谜"。

◆ 会"报时"的怪石

有块怪石每天通过自己很有规律地像变色龙似的"更换"不同颜色的"外衣"来提醒人们岁月如梭。不过它更换外衣颜色不是因为外界颜色的变化，而是由于太阳光照射方位的变化而变化的。这听起

来似乎让人难以相信，然而它却每天准时准点地变换颜色，给人们"报时"。

早晨，旭日东升，阳光普照大地，这时它身着棕色外衣；中午时分，烈日当空，它就换身蓝色的外衣；傍晚，夕阳西下，它又披上红色的外衣。这就是澳大利亚中部阿利斯西南的茫茫沙漠中的"报时"怪石。这块怪石身高348米，粗约8000米，露在地面上的部分就可能有几亿吨重。它是当地居民的"标准时钟"，当地居民根据它一日三次更换不同颜色的衣服变化来安排农事以及日常生活。

怪石除了随太阳光强度不同而改变外衣颜色外，还特别"爱美"，它还会随着太阳光照射角度的变化而变幻"造型"。时而像一条巨大的、悠然漫游于大海之中的鲨鱼的背鳍；时而像一艘半浮在海面上乌黑发亮的潜艇；时而像一位穿着青衣、斜卧在洁白软床上的巨人……

为了解释怪石"报时"的现象，许多考古学家和地质学家对怪石所处的气候条件、地理环境进行了详细考察，并对怪石的结

构、成分等进行了深入的研究。一些科学家试图这样解释怪石产生的"怪现象"：怪石之所以会变色是由于怪石处在平坦的沙漠里，天空终日晴朗无云，空气稀薄，而怪石的表面比较光滑，类似于镜子，能较强反射太阳光，因而能把清晨到傍晚天空中颜色的变化都呈现于其表面。

而怪石变换其"造型"则是由于太阳光在不同的气候条件下活动而产生反射、折射的数量及角度的不同，从而使射入到人眼里的光线产生一种幻形，也就产生了不同造型的怪石。

"报时"怪石是自然界最让人迷惑和印象深刻的自然现象之一，其背后的确切形成原因还是个谜，解开怪石"报时"之谜，还需要科学家进一步的研究。

◆ 太阳石

太阳石的学名是日长石，属于双色性晶体，是一种水晶。太阳石有一种特性，即若把它垂直放在阳光下，在不同偏振方向的光线照耀下会呈现不同的颜色。这种"太阳石"在航海遇到阴天或有雾时可以用来测方位。航海的人很远就能看到它发出的光芒。在古代，传说不管太阳在乌云后边或地平线下面，人们都可以使用太阳石来找出太阳的位置。正因为太阳石有如此神奇的特性，因而吸引了不少的寻宝人

去寻找此"怪石"。

太阳石被发现后不久，便引起

学术界的极大关注，学者们纷纷撰文论述东方先民活动与太阳石的关系，有人甚至将太阳石与少数民族远迁南美洲相联系，把太阳的图案和南美洲土人的图腾相比较，认为太阳石是太阳崇拜的产物。

据史书记载，在1000多年以前，维琴高人在没有任何导航工具，天空又常常是阴云密布的情况下，穿越了极地冰冷的海洋，万里跋涉到达美洲。传说他们是借助于魔法实现远行的，但现在看来，他

们可能是得到了科学的引导。

维琴高人于公元982年到达格陵兰，据一些史学家说，他们甚至到达了北美洲沿海。当时他们手中无任何导航工具。事实上，在这之后很多年，即1044年左右，才由中国人发明了指南针。但维琴高人究竟是如何到达美洲大陆沿海的呢？1967年丹麦考古学家托基尔·拉姆斯考对此作出了解释，现在这一理论又引起了学者们的注意。根据拉姆斯考的解释，古代北方人是不知不觉地利用了一种矿石的物理特

性。拉姆斯考认为，在很多故事中作为神奇的导航者出现的太阳石不是别的，而是一种叫堇青石的矿石

晶体。

太阳石晶体中含有赤铁矿、针铁矿和云母等矿物包裹体，对光形成反射而出现金黄色耀眼的闪光，即呈现"日光效应"。在不同偏振方向的光线照耀下会呈现不同的颜色，故称为太阳石，又名"日光石""金星长石"。

这是一种具有双折射和二向色性的矿石，也就是说它能有选择地吸收光辐射。当光线通过堇青石时，由于在一些特殊的晶面上对不同光线偏振光的吸收不同，透过堇青石的光就会改变颜色，从紫色、蓝色一直到黄色，按照这些不同的平面就可以追溯到光源所在的位置。许多科学家认为，维琴高人曾

经拥有这种矿石，他们将其指向天空就能够知道太阳的位置，从而辨别出方向来。当光源（如太阳）受到遮蔽（如云层）时，会发生偏振光现象。由于高纬度地区常常是阴天，此外在这些地区太阳长时间地处在接近地平线的地方，因此太阳光发生偏振的现象就更为明显，其原因就在于射向地球的光线的入射角大和太阳光通过的大气层的厚度大，甚至当太阳已经落山，但阳光还照射着大气层的时候这种现象依然存在。因此堇青石晶体能够根据透射偏振光的颜色找到太阳的方向。

堇青石（太阳石）有不同的种类，可以细分为三种：第一种

为铁堇青石，堇青石中的两个主要成份镁和铁可以做同像替代，当铁元素含量大于镁元素时称之为铁堇青石；第二种为堇青石，即镁含量高于铁含量时称为堇青石；第三种为血点堇青石，主要特征为其内部的氧化铁含量丰富且呈特定方向排列，从而使得堇青石带有色带，也正因此而得名。

◆ 美丽的蛋白石

如梦幻般的蛋白石在罗马时代被当作权力的象征，但在14世纪威尼斯黑死病流行时，曾传说如果人染病，蛋白石就会异常美丽，然后在病人死去时失去光彩，从此蛋白

石就被当成不幸的石头。不过，在我国古代，国人还是十分喜爱蛋白石，特别是在明清期间，一直视它为宫廷珍宝。

蛋白石在矿物学中属蛋白石类，是具有变彩效应的宝石。蛋白石因颜色、光泽独特而得名。质地极其优良的蛋白石，红的如红宝石，紫的像紫水晶，绿的似祖母绿，五彩缤纷，美不胜收。其光芒如彩虹般绚丽耀目，多彩似马赛克，充满了神秘性，是其他宝石无可比拟的。实际上，蛋白石的结晶构造不明显，而且含有不定量的结晶水，所以

水，没有闪亮的变彩；而另一种称为贵蛋白石的，则硬度较高，水分在6%～10%之间，会因观看角度不同而显示颜色闪光（虹彩），所以有各种不同的颜色。

蛋白石根据颜色特征和光学效应可以分为三种：第一种为白蛋白石，它的基本颜色有无色、蛋白色、浅灰色、浅黄色及浅紫色等，这种蛋白石被用于做宝石的历史已比较长久；第二种为黑蛋白石，是深色的，包括黑、暗绿、深蓝、深灰及褐色等，黑蛋白石是在20世纪被澳大利亚人发现后，才被人们所知晓的；第三

严格来说不能称为矿物，而称为似矿物，不过因为它华丽灿烂的五彩光泽，仍习惯称之为宝石。那么，蛋白石的颜色是怎么形成的呢？

当把蛋白石放在电子显微镜下观察时，可发现其内部为球粒结构，有许多二氧化硅的粒子，整整齐齐地排列着，在这些粒子的空隙中含有水，当光线射入后，就会分解成七种颜色，呈现出彩虹般美丽耀人的光芒。若直接观察，则呈现出玻璃光泽、珍珠光泽或者蛋白光泽。

这些美丽的蛋白石有不同的种类，如果仔细观察，可发现并不是所有的蛋白石都有变彩的。其中一种称为普通蛋白石的，颜色普通，硬度较软，通常含1%～20%的

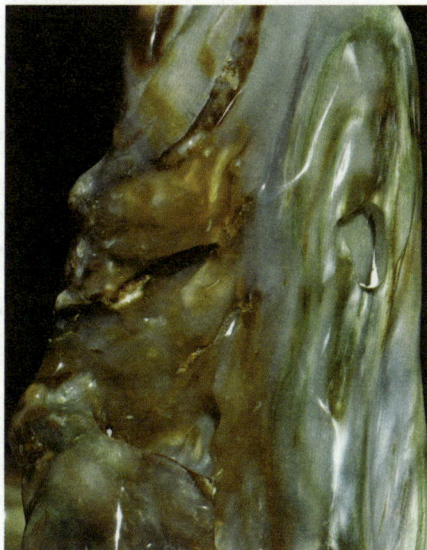

形，常见的形状有致密块状、粒状、土状、钟乳状、结核状、多孔状等。这些美丽的蛋白石，主要分布在哪些环境中呢？经过探索，科学家们发现蛋白石主要是充填沉积岩中的孔洞或火成岩中的矿脉，形成石笋或钟乳石，或者在化石木、动物硬壳和骨骸中取代有机物而形成。

种为火蛋白石，是蛋白石中的特殊品种，它呈半透明至全透明，颜色为黄色及橙红色。其中，前两种蛋白石有变彩效应，而火蛋白石因其组成成分——二氧化硅小球直径太小，所以没有变彩效应。

当然，蛋白石也可依形成构造的不同分为四种，第一种为彩纹玛瑙蛋白石，有层状构造；第二种为猫眼蛋白石，因有猫眼光芒而得名；蛋白石也会取代木材及骨骼中的成分，形成第三种蛋白石化木和第四种蛋白石化骨骼，这种沉积在生物遗骸中的蛋白石，还有另外一个名字，即"树化玉"。

天然的蛋白石没有固定的外

自19世纪以来，澳洲一直是蛋白石的最大产地，生产以蓝、绿为主要变彩的黑蛋白石，蛋白石也因此而成为澳大利亚的"国石"。除了澳洲，还有捷克、美国、巴西、

墨西哥和南非等地方也出产某些蛋白石。

◆ 会走路的诡异石头

美国加州的死谷名胜区是个异常奇特的地方：山上长满松树和野花，山顶白雪皑皑，山下沙漠一望无际，其中有盐碱地和不断移动的沙丘。死谷是全美国最干燥的地方，年降水量不到100毫米；它又是全美最热的地方，最高气温达56.6℃；并且它所处的地方地势最低，比海平面约低150米。死谷中自然奇观有很多，最神秘、能吸引人的是那些与众不同的"会走路的

石头"。因为这些石头散落在龟裂的干盐湖地面上，干盐湖长达1.5公里，因此，这个干盐湖就被命名为石头的"跑道"。

这里的石头大小不一，外观平凡，奇怪的是每一块死亡谷中的石头像动物一样，能够爬动。它们在地面上拖出长长凹痕，有的笔直，有的略有弯曲或呈之字形。这些痕迹看来是石头在干盐湖地面上自行移动造成的，有些长达数百米。但是石头怎么会移动呢？

1969年，加州理工学院的地质学教授夏普经过7年研究，自信已经找出了其中的奥妙。他选了30块

形状各异、大小不一的石头，逐一取了名字，贴上标签，并在原来的位置旁边打下金属桩作为记号，并定期看看这些石头会不会移动。地质学家们对谷中的石头进行了仔细观察发现，除了两块外，其余的都离开了原来的位置。在不到1年光景，那些石头中有一块已移动数次，共"走"了287米，在干裂的地面还留下了长长的移动印记。另一块9斤多重的石头，则创造了一次行程最远的的纪录：230米。

这些会"走"的石头是人为制造的假象，还是神秘力量所为？有人说是超自然力量在作怪，有人说与不明飞行物体有关，有人则认为是自然现象。

夏普研究了石头的"足迹"，并对当地的环境、气候等进行了全方位的考察，结果发现石头移动可能是是风雨的作用。移动方向与盛行风方向一致，这是比较有力的佐证。原来，死亡谷底平衡着一层特殊的泥土，由于盐湖每年平均雨量很少超过2寸，但是即使微量雨水也会形成潮湿的薄膜，被雨淋过后，这层泥土便变得异常光滑，一旦刮起大风，石头便会在泥土上滑动起来，并随着风向的变化频频移

动，速度可高达1米每秒。而石块移动留下的"足迹"又非常硬结，再加上该地干旱少雨，风后的景象保留长久，石块神态各异，石轨纵横交错，便成为死亡谷中的一大奇观。

前苏联普列谢耶湖东北处也有一块能够自行移动位置的石头。该石呈蓝色，直径近1.5米，重达数吨，近300年来它已经数次变换过位置。

17世纪初，人们在阿列克赛山脚下发现了这块会"走路"的巨石，后来人们把它移入附近一个挖好的大坑中。数十年后，蓝色怪石不知何故却移到了大坑边上。

1785年冬天，人们决定用这块石头建造一座新钟楼，同时也为的是"镇住"它。可当人们在冰面上移动它时，不小心让它坠落了湖底。而到了1840年，这块巨大蓝石竟躺到了普列谢耶湖岸边。科学家们对这一奇特现象进行了长期的分析研究，但始终未能明白蓝色巨石同重力场之间究竟存在着怎样的联系。

会自己走路的石头，这种奇景令人产生一种神秘莫测的感觉，因此，这些石块给我们留下了想象和疑问的空间。这是一个引人入胜之谜，正静待人类来解开。

◆ 巨石阵

著名的巨石阵遗址位于英格兰南部沙利斯伯里地区。这个巨大的石建筑群位于一个空旷的原野上，占地大约11公顷，主要是由许多整块的蓝砂岩组成，排列成几个完整的同心圆。石阵外围是至今约92米的唤醒土岗和沟。紧靠土岗的内侧由56个等距离的坑又构成一个圆，用灰土填满，里面还夹杂着人类的骨灰。巨石阵最壮观的部分是石阵中心的砂岩阵。它是由30根石柱上驾着横梁，彼此间用榫头、榫根相连，形成一个封闭的圆阵。在巨石阵的中心线上，排列着马蹄形的巨石，马蹄形的开口正对着仲夏日出的方向。巨石阵的东北侧有一条通道，在通道的中轴线上竖立着一块完整的砂岩巨石，高4.9米，重约35吨。巨石阵不仅在建筑学史上具有重要的地位，在天文学上也同样有着重大的意义：它的主轴线和通往石柱的古道与夏至日早晨初升的太阳，在同一条线上；另外，其中还

有两块石头的连线指向冬至日落的方向。因此，人们猜测，这很可能是远古人类为观测天象而建造的。

科学家们推测，巨石阵很可能是古代祭祀的场所。早在17世纪，英国古董学家奥波雷就认为，巨石阵是罗马统治时期德鲁伊教的祭祀场所。相传德鲁伊教在英国索尔兹伯里平原上建造了巨石阵，目的是用来献祭太阳神，从此在巨石阵的故事里出现了德鲁伊教。德鲁伊教是公元前5世纪至公元前1世纪，散居在不列颠、爱尔兰等地的凯尔特人信仰的一种宗教。据说德鲁伊教的形式和教义非常神秘，凯撒远征高鲁时说，德鲁伊教士精通物理、化学，他们在树林中居住，甚至用活人献祭。在英国除了索尔兹伯里巨石阵外，还有900多座圆形巨石阵，这些巨石阵分布在英国不同的地区。

1997年英国科学家在一次实验中发现，巨石阵具有令人惊异的声学特性。科学家们在一些巨石中放

入先进的录音器材进行实验，发现组成巨石阵的巨大扁平石块能非常精确地放射巨石阵内部的回声，并将其集中于巨石阵的中心，形成共鸣效应。

科学家们使用了当前最先进的仪器设备，还发现巨石阵竟能发出超声波。古人在刀耕火种的时代怎么会知道超声波呢？有学者认为巨石阵是原始人狩猎的特殊装置；更多的学者却说巨石阵纯粹就是古人举行祭祀的宗教场所；还有一些学者干脆把巨石阵视为一种文化，因为古人崇尚巨石般的坚毅与威猛，向往巨石般的牢固与结实。几百年来，人们陷入了对其苦苦地探索中。

关于神秘的巨石阵，人们仍旧继续做着各种各样的推测和解释。2003年考古学家在巨石阵不远的地方发现了一座古墓，墓

中出土的陪葬品有100多件，包括金、银、铜等装饰品，陪葬品的数量要比同年代墓葬多达10倍，经专家考证，墓中的主人就是阿彻。阿彻大约生活在公元前2300年，而这个阶段恰好是巨石阵形成的时期，考古人员发现，阿彻墓中的陪葬品大部分来自阿尔卑斯山，从阿彻遗留下的牙齿形状和损坏的程度检测来看，他的童年是在阿尔卑斯山区度过的，他很有可能是来自瑞士或者是奥地利一带。如果是阿彻建造了巨石阵，那么被视为英国古老象征的史前巨石阵将会是一名外来人的作品。考古学家们推测，几千年前的维赛克斯人和阿

彻都有可能参加了巨石阵的建造，但从他们分别生活的时代可以看出，巨石阵的建造经过了一个漫长的时期。

◆ 马里毒石

1986年8月，非洲马里共和国有一支地质勘探队在境内的亚名山进行地质勘探。当他们随身携带各种勘探仪器和工具，费力地爬到半山腰时，携带的雷达仪发出了信

号，表示他们所在地的地下有异常物体。于是，他们不顾疲劳，当即挖掘，以图觅"宝"。挖到地下5米多深时，掘到了一块美丽的大石头。

这块石头上部呈蓝颜色，下部呈金黄色，形状如鸡蛋，重量约5吨。他们个个兴高采烈，正欲把石头运到地质局去做进一步研究时，挖掘石头的6位队员却一个个发出呻吟，手脚麻木，视力模糊。立刻，他们被其他队员送往医院。经诊断，他们都中了毒气。虽医务人员全力抢救，但由于他们中毒严重，抢救无效而全部死亡。经过调研，发现毒气来自那块美丽的大石头。于是，这块美丽的大石头便成了著名的"马里毒石"。

在现代科学技术的检测下，沸石终于露出了"庐山的真面目"。毒石是由无数沸石晶体构成的集合体。它的晶体非常细小，只有在电子显微镜下才能看到。晶体的形状也各不相同，每个晶体的内部有大小均匀的空穴与孔道，这些空穴和孔道连通，形成了非常整齐的孔穴孔道网。岩浆从地下上升的过程中，伴随有大量气体。这些气体中有些是毒气。岩浆上升到地壳上部或流出地表后，遇冷凝结。在岩浆冷凝形成岩石过程中，受外部条件影响，气体不易挥发出来，滞留在石头中。美丽的马里毒石就是如此。当6名勘探队员挖掘时，移动和震动了毒石，毒石内的气体因震动而通过孔穴和孔道释放出来，致使这6位勘探队员不幸中毒死亡。

浩瀚星空

◆银河系是如何诞生的？

地球是人类赖以生存的一颗行星，它身处太阳系，而太阳又仅

是广袤银河系中一颗不耀眼的普通恒星。在银河系中深藏着多达4000亿颗质量比太阳大几十倍、几百倍，甚至上千倍的恒星。

伽利略是第一个用自制望远镜观测银河的人，他发现"银河"是由无数颗明亮的恒星组成的。用肉眼看，因为它隐隐约约地以环带形式完整地绕天空延伸，仿佛是一条银白色的带子"漂流"在太空中，银河由此而得名。

20世纪之前，人们一直猜测太阳系位于银河系的中心，这一错误认识，直到20世纪30年代才由特朗普勒经过仔细研究后指了出来。经过光学天文工作者探测，初步探知了银河系的大体结构，测知银河

系的中心在人马座方向。直至20世纪50年代，科学家们才确认并描绘出太阳在银河系中的大体位置。

自17世纪以来，当人们的视线逐步扩大到银河系之外时，可以说所见的景象令人惊叹不已。一望无际的银河系只不过是宇宙大海中的一片树叶。在此之前，德国的哲学家康德、瑞典学者斯维登堡和英国仪器制造家兼数学家赖特等人，都曾猜想过，一些云雾状天体应是像银河一样由恒星构成的"宇宙岛"。第一个通过观测证实宇宙岛假说的是英国天文学家赫歇耳，他通过观测，肯定了康德等人的见解。

但是，围绕着宇宙岛是否存在的问题，在天文学界一直争论不休。直到20世纪20年代，美国的天文学家哈勃用照相的方法，在仙女座大星云中找到了"造父变星"，测出了它们的光变周期和视星等，

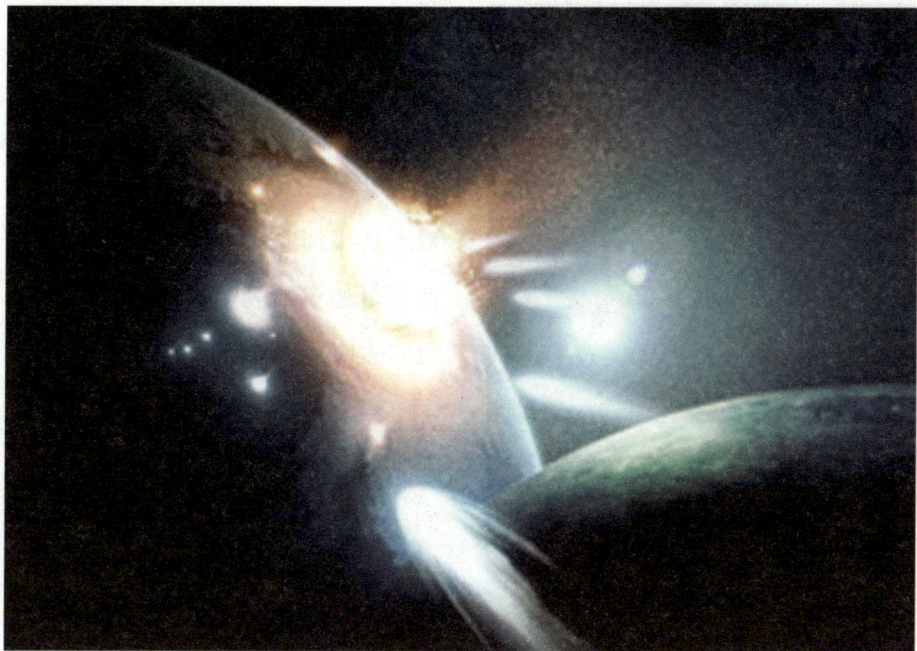

得出了仙女座大星云的距离，证明它是处在银河系之外。自此以后，争论逐渐平息，那些认为银河系是宇宙中唯一庞大天体的科学家在事实面前也转变了态度，这也正使人类对河外星系的认识又向前迈进了一步。

早在1914年，美国天文学家斯里弗就曾发现，在他所观测的15个星系中，有13个在以每秒数百公里的速度离开我们。

1929年，哈勃在研究24个星系的光谱时，发现所有的星系都存在红移现象。如果红移现象用多普勒效应来解释，它就表明所有的星系都在相互退行，也就表明宇宙在膨胀。

1930年，英国天文学家爱丁顿随即提出膨胀宇宙的假说。1948年，美国物理学家伽莫夫把宇宙膨胀论和基本粒子的运动综合起来，提出了大爆炸宇宙学。直到今天，大爆炸宇宙学在天文学领域仍占有举足轻重的地位，是为大多数天文

后，用肉眼或较落后的望远镜观察太空，必然会受到极大的限制。随着科学技术的进步，我们的视野也逐渐扩大，从太阳系扩展到银河系，从银河系扩展到河外星系，现在还可通过哈勃望远镜观测到距离我们达130亿光年的天体。

学家所公认的宇宙学说。

从对星系的探索中可以看出，星系起源等研究课题才刚刚起步。因为过去由于在天文方面比较落

但是时至今日，有关银河系是如何形成的问题仍然在困扰着人们。积累对星系起源和演化的知识，为探索星系起源和演化的奥秘铺垫成功的道路，依靠科学的观测

方法，去观测那些遥远的星系，利用时间工具在那些遥远星系的身上找到银河系过去的身影。尽管许多天文学家在这一重要领域里撒下了无数的汗水，取得了一定的进展，但其结果却不尽如人意。也许是因为距离太遥远使观测数值误差增大；也许是我们所使用的观测方法及计算工具本身就存在着一定的误差。尽管探测工作中有许多无法超越的障碍，但是我们还是借助有利的观测手段取得了一些可喜的成就。目前，天文学家已经描绘出了银河系最真实的地图了，这将为我们今后研究银河的形成原因提供很大的帮助。

现有的一切观测数据及映入眼帘的太空景象，虽然无法像看图识字那样可以简单地达到认知的目的，但其总体轮廓和它们之间内在的联系已基本显现。只要我们的想象力符合科学逻辑，思维的方向便能够找到正确的途径，建立起完善地、贴近现实的宇宙演化模型，就有可能通过理论研究完成历史使命。当然，研究星系起源和演化问题的历史非常短，迄今为止还没有一个令大多数天文学家满意的、较为成熟的理论。但我们相信随着科技的发展，破解银河系形成之谜指日可待。

◆流星雨

美丽的流星雨在人们眼中充满了神奇的色彩，其实这么多姿多彩的流星雨只是广大宇宙中的一个普通的天文现象。每年在地球上发生40多次可观测到的流星雨。但是亮度较高、规模较大的流星雨只有几次，如夏季的英仙星雨、冬季的狮子座流星雨就是其中较为著名的。这美丽的流星雨是怎么产生的呢？

流星雨是一种成群的流星，看起来像是从夜空中的一点迸发出来，并坠落下来的特殊天象。这一点或一小块天区叫做流星雨的辐射点。为区别来自不同方向的流星雨，通常以流星雨辐射点所在天区的星座给流星雨命名。例如，每年11月17日前后出现的流星雨辐射点在狮子座中，就被命名为狮子座流星雨。其他流星雨还有宝瓶座流星雨、猎户座流星雨、英仙座流星雨等。单个出现的流星，在方向和时间上都很随机，也无任何辐射点可言，这种流星称为偶发流星。与

与地球大气发生剧烈摩擦，巨大的动能转化为热能，引起物质电离发出耀眼的光芒。这就是我们经常看到的流星。

流星雨的发现和记载，最早出现在我国，《竹书纪年》中就有"夏帝癸十五年，夜中星陨如雨"的记载，最详细的记录见于《左传》："鲁庄公七年夏四月辛卯夜，恒星不见，夜中星陨如雨。"鲁庄公七年即公元前687年，这是世界上天琴座流星

偶发流星有着本质不同的流星雨的重要特征之一，是所有流星的反向延长线都相交于辐射点。

流星雨在太阳系中，除了八大行星、矮行星和它们的卫星之外，还有彗星、小行星以及一些更小的天体。小天体的体积虽小，但它们和八大行星、矮行星一样，在围绕太阳公转。如果它们有机会经过地球附近，就有可能以每秒几十千米的速度闯入地球大气层，其上面的物质由于

雨的最早记录。

我国古代关于流星雨的记录，大约有180次之多。其中天琴座流星雨记录大约有9次，英仙座流星雨大约12次，狮子座流星雨记录有7次。这些记录，对于研究流星群轨道的演变，也将是重要的资料。

1950年荷兰天文学家奥尔特对彗星轨道进行统计研究，发现轨道半径为3万至10万天文单位的彗星数目很多，他推算距离太阳中心3万至10万天文单位的空间有个球状的彗星储库。后来，这个彗星储库被称为"奥尔特云"，那里的彗星日期绕太阳公转的周期长

达几百万年。据统计，太阳系约有1000万亿颗彗星，他们绝大部分在太阳系外部。1951年美国天文学家柯伊伯研究彗星性质与彗星形成，

认为在太阳系原始星云很冷的外部区里的挥发物凝聚为冰体——彗星，他提出冥王星之外有个柯伊伯带，那里有很多彗星，他们的轨道近于圆形。

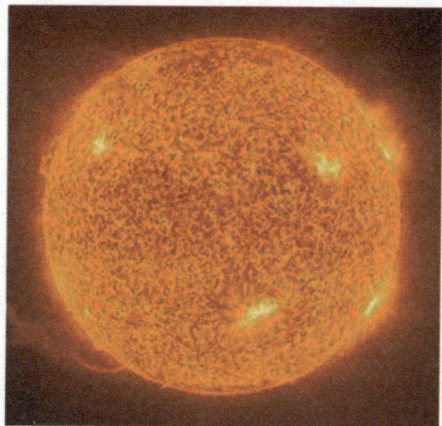

◆未来太阳可能"吞没"地球

太阳一直给地球提供充足的光和热，使得地球生命在阳光的爱抚之下得以繁衍生息。然而，美国天文学家们利用大型望远镜观测，预测太阳有可能会膨胀为一颗红巨星，届时，它的表面不断扩张，甚至会达到地球轨道，最后地球和太阳将"亲密接触"，进而太阳将"吞没"地球。那么，这种预测是否具有可靠性呢？未来地球的发展命运会如何？它将何去何从？人类一直对这些问题非常感兴趣。

美国天文学家利用大型望远镜，在宇宙中新发现了一颗红巨星（氢元素消耗殆尽的恒星）和围绕着它的行星。根据这一发现，科学家预测，当太阳膨胀成为一颗红巨星时，它的表面不断扩张甚至能够达到地球轨道，从而出现地球和太阳发生"亲密接触"的现象。

领导该研究的是美国宾西法尼亚州立大学的亚历克斯沃尔兹

刚，波兰哥白尼大学、美国麦克唐纳观测站和加州理工大学的科学家也参与了最新的研究。他们于1992年发现了首颗太阳系外行星。宇宙中许多恒星在它们行星的周期运动影响下，会交替性地接近或远离地球，产生多普勒效应。利用这一点，研究人员反复测量该恒星的光谱，从而推断出了该红巨星及其行星的存在。

新发现的红巨星位于英仙座星系团，是天文学家迄今为止发现的十个红巨星星系中最遥远的一个。它的体积为太阳的十倍，质量是太阳的两倍。该红巨星的行星的公转周期为360天，距地球约300光年。

科学家预言，五十亿年后太阳会膨胀成一颗红巨星。此次新发现的一个重要意义就在于使天文学家通过对比研究，加深对太阳系未来的认识和理解。亚历克斯沃尔兹刚表示，太阳膨胀会使地球的生物生存区域重新分布。大约二十亿年后，太阳就会使地球变得不再适合生存。因为在太阳演化为红巨星的膨胀过程中，地球将变得越来越热。太阳的扩张将影响地球等行星的轨道以及整个太阳系的动力学，最终会导致各行星轨道交叠乃至引起行星碰撞。亚历克斯沃尔兹刚说，"太阳变成红巨星时，地球很可能已经投入太阳的怀抱，最后被太阳'吞没'。"

然而，太阳是否会"吞没"地球？我们对此的研究还只是起步阶段，目前还是个未解的谜团。

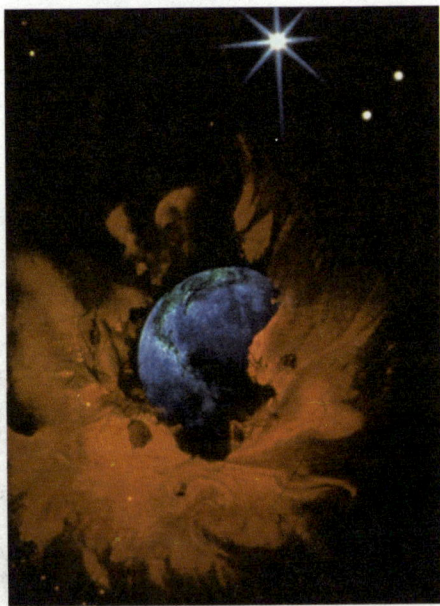

魅力山水

◆死　海

　　死海不是海，是一个内陆湖，位于约旦－死海地沟的最低部，是东非大裂谷的北部延续部分。这是一块下沉的地壳，夹在两个平行的地质断层崖之间。死海形成在大裂谷地区，像是一个巨大的集水盆地。

　　据传，《创世记》中所记载上帝毁灭的罪恶之城所多玛城与蛾摩拉城都沉没于死海南部水底，"难怪水域南浅北深"。

　　死海水面平均低于海平面约415米，是地球表面的最低点。死海由地壳断裂而成，是断层湖。西岸为犹太山地，东岸为外约旦高原。死海全长80千米，宽18千米，表面面积约1020平方千米，最深处

多的水域。

在这样高盐度的水中，不仅没有鱼虾，甚至四周岸边没有任何植物的生存。20世纪80年代初，人们

达400米。在希伯来语中，死海被称为"盐海"。这是因为死海的含盐浓度为22%，为世界上含盐分最

发现死海之水不断变红，经过科学家的分析发现其中正迅速繁衍着一种红色的"盐菌"，其数量多的惊

人，大约每立方厘米海水中含有2000亿个盐菌。另外人们还发现，死海中尚有一种单细胞藻类植物。同时，海水之中还有人们需要的丰富的海盐、氯化钠、氯化钾、氧化钙和溴化镁等矿物质。

长期以来，死海的前途命运是人们所关心的问题，一直存在有两种不同的观点：一种认为，死海在日趋干枯，不久将不复存在。持有这种观点的人认为，在漫长的岁月中，死海不断地蒸发浓缩，湖水越来越少，盐度越来越高。加上终年少雨，唯一供水的约旦河，还要用于灌溉。所以死海面临着水源枯竭的危险。不久的将来，死海将不复存在。

另一种关点认为，死海并非没有生命的水，而且将会是未来的大洋。这种观点则从地质构造的角度来考虑，认为死海位于叙利亚-非洲大断裂带的最低处，而这个大断裂带海正处于幼年时期，终有一天死海底部会产生裂缝，从地壳深处冒出海水，随着裂缝的不断扩大，会生成一个新的海洋。这一观点的有力证据就是，与死海处于统一构造带上的红海，其海底已发现了一条深2800米的大裂缝，而且在缓慢发展，从地壳深处正不断冒出盐水。

因此，死海未来的生死存亡还是一个难解的谜。

◆ 珠穆朗玛峰

珠穆朗玛峰简称珠峰，又意译作圣母峰，位于中华人民共和国与尼泊尔交界的喜玛拉雅山脉之上，终年积雪，海拔8844.3米，是世界第一高峰。藏语珠穆朗玛就是"大地之母"的意思，珠穆是女神之意，朗玛理解为母象或高山柳。神话中说珠穆朗玛峰是长寿五天女所居住的宫殿。

西方将珠峰称为额菲尔士峰或艾佛勒斯峰，是为了纪念英国占领尼泊尔时，对喜马拉雅山脉进行测量的印度测量局局长乔治·额菲尔士。而尼泊尔则将珠峰称为萨迦玛塔峰。珠穆朗玛峰海拔较近的一次测量是在1999年，是由美国国家地理学会使用全球卫星定位系统（GPS）测定的，得到的数据是8850米。而世界各国曾经公认的珠穆朗玛峰海拔高度是由中国登山队于1975年测定的，即8848.13米。2005年中国重测珠穆朗玛峰高度，测量登山队成功登上珠穆朗玛峰峰顶，再次精确测量珠峰高度，得到的数据是8844.43米。同时，1975年的原数据（8848.13米）被停用。随着时间的流动，珠穆朗玛峰的高度还会因大陆板块的运动而升

高。不过，珠穆朗玛峰虽然贵为世界最高峰，但其峰顶却不是距离地心最远的一点，该特殊点属于南美洲的钦博拉索山（此山比珠穆朗玛峰更靠近地球半径最大的赤道）。珠穆朗玛峰高大巍峨的形象一直在当地和全世界范围内产生着巨大的影响。

珠穆朗玛峰从诞生之日起，就在不停的长高，并且以变速的方式"长个儿"。在过去的数百万年中，他平均每万年上升10米。但在1966年至1975年间，它每年以4.1厘米的速度升高，之后逐渐减缓，每年平均升高3.3厘米，但却还在不断的上升过程中。

一些地质学家认为，珠穆朗玛峰不可能无限制的升高。他们曾举了一个例子作解释：我们用雪白细嫩的豆腐来叠罗汉，叠数层以后，最底层的豆腐就会因承受不了上面的压力而最终"垮台"。而山脉的升高，也类似于"叠罗汉"，只不过用的是泥土和岩石堆积而已。在山体不断抬升的过程中，山底所承受的压力就会相应的增大，一旦到了一定的极限，山体就会像豆腐那样垮台崩塌。

奇特岛谷

◆珊瑚岛

珊瑚岛是海洋岛的一种。它不仅有丰富的热带生物资源，而且还蕴藏着大量的石油、天然气以及磷矿和铝土矿等资源，同时它也是吸引天下游客的美丽岛屿。然而，它的形成却也让人费解。

通常认为它是由活着的或已死亡的一种腔肠动物珊瑚虫的礁体构成的一种岛。因此，称珊瑚岛。在珊瑚岛的表面常覆盖着一层磨碎的珊瑚粉末——珊瑚砂和珊瑚泥。根

据它形成的状态，可将珊瑚岛分为岸礁、堡礁和环礁三种类型：岸礁分布在靠近海岸或岛岸附近，成长条形状，主要分布在南美的巴西海岸及西印度群岛，我国台湾岛附近所见的珊瑚礁大多是岸礁；堡礁分布距岸较远，呈堤坝状，与岸之间有潟湖分布，最有名的就是澳大利亚东海岸外的大堡礁；环礁分布在大洋中，它的形状极其多样，但大多呈环状，主要分布在太平洋的中部和南部，而且多成群岛分布。

然而科学家发现，珊瑚虫最好的生活条件是深度在60米以内的热带浅海，但海洋的深度常常在几百米至几千米之间，珊瑚虫不可能直接在那么深的海底生活和造礁。到底珊瑚礁是怎么形成的呢？

1936年达尔文在东印度洋上的苛刻岛考察时，提出了关于火山岛下沉造成环礁的假说。1953年美国在埃尼威托克环岛试爆氢弹后钻孔达1287米深时，终于发现了火山岩基底，使达尔文的假说得到了初步证实。但是这一假说还无法在所有的环礁上得到证实。特别是无法说明大多数环礁中的湖一般深不超过100米的原因。

地质学家戴利提出了"冰川控制论"学说，他认为第四纪发生了多次冰期，使海平面反复升降，其幅度约为100米左右。每当冰期过后，海水温度回升，海洋环境又适宜珊瑚虫的繁殖，并在一些岛屿和大陆边沿的台地上迅速生长起来。随着海平面逐渐上升，珊瑚礁也跟着向上发展，环礁和堡礁露出了海面。但是科学家们发现在太平洋中很多环礁

块学说似乎成为解释这种珊瑚礁的成因。板块学说认为，在板块与板块之间的活动地带存在着一些"热点"，是火山活动的中心。火山岛在热点生成后，随板块一起移动并逐渐向下俯冲，引起火山岛的升降。在沉降过程中环礁逐渐形成。于是离热点越近，火山岛和珊瑚礁发育就都较年轻；离热点越远，礁体就变得越厚。因为板块学说本身处于假说阶段，因此，很多探究珊瑚岛成因的学者仍不能满足于这些解释。1974年科学家普尔迪提出了珊瑚岛主要是由早期岩溶作用造成的解释。

是呈线状排列，西北端的一些岛屿是环礁，向东南依次出现似环礁、岸礁，东南端则出现一些活火山。

20世纪60年代以后，出现了板

◆蝮蛇岛

蝮蛇是我国分布最广、数量最多的一种毒蛇。蝮蛇多生活在平原、丘陵及山区地带，栖息在石堆、草丛、水沟、坟堆、灌木丛及田野中。蝮蛇有三种，即中介亚种、短尾亚种及日本亚种，它们主要分布在秦岭以北地区、秦岭以南地区以及台湾省。在我国，有一个蝮蛇聚集的小岛，上面生活着上万条蝮蛇，

比金庸小说中的神龙岛还要恐怖几倍，因为没有人敢居住在那里，它的面积也只不过一平方千米。这个小岛就是蛇岛。

蛇岛距大连市旅顺港二十五海里。小岛四周除有一小片卵石滩外，均为悬崖峭壁，岛上有蛇13000余条。而且只有一种蛇即黑眉蝮蛇，属剧毒蛇。蛇岛也是世界上唯一的只生存单一蝮蛇的海岛。

蛇岛上为什么有这么多的蝮蛇，并长期得以生存下来呢？过去曾流传着一个有趣的传说：相传蝮蛇岛上生活的蝮蛇听说只要游过大海就可以变成无所不能的龙，称王称霸于世，于是这些蛇就开始游向大陆，但是海底的龙王岂能让蛇变成龙，于是龙王便派了虾兵蟹将围剿蛇群，就这样大部分的蛇都被杀死了，剩下的一小部分逃回岛上，再也不敢出来了。其实，蝮蛇虽然会游泳，但不可能游很长距离，所以蛇岛的蝮蛇是不会游到大陆上的。

科学研究表明，蝮蛇岛上的蛇是由大陆上来的。但不是大陆蛇类渡海过去的，也不是由渔船带到岛上去的，而是地质时期海陆变迁的结果。大约在几亿年以前，海面远比今天要高，蛇岛原是和辽东半岛相连在一起的，但那时它们均被淹没在海中。到了四亿年以前，这一地区开始变成陆地，辽东半岛与蛇岛也逐渐露出海面，后来经过数次的地壳运动以及海平面的升降，使蛇岛沉浮不定。当海平面低于陆地时，由于辽东半岛与蛇岛连接在一起，蛇可直接游到蛇岛上去；而当海平面回升时，由于海水的冲击和

大陆板块的移动，使蛇岛逐渐与辽东半岛分开，于是蛇岛上的蛇便留在岛上了。虽然几经演变，但蛇岛上的蛇仍没有被大自然的天灾和人为的祸害所灭亡，相反在环境适宜的岛上代代繁衍下来，形成了今天的蛇岛。

岛上的蝮蛇何以能长期繁衍下来，以致成为蝮蛇的王国呢？专家认为，大致有以下几个原因：一是蛇岛是茫茫大海中的孤岛，人迹罕至，地理环境特殊；二是当地流传着对蛇岛的种种神奇传说，百姓称蝮蛇为"白龙"，视若神明，不敢捕杀；三是春秋两季迁徙的候鸟多在岛上落脚，给蝮蛇提供极为丰富的食物。因此也就形成了蛇吃小鸟，小鸟吃昆虫，昆虫吃植物，植物以鸟粪为肥料的完整生态系统。而且这里的蝮蛇又能适应环境，竟养成既冬眠又夏眠的习性；四是岛上草木丰茂，气候温

化中，蛇岛就逐渐成为单一蝮蛇的天下了。

另外也有人认为是因为蛇岛与大陆分离后，环境发生了剧烈变化。因岛上缺乏淡水，其他动物包括其他蛇类难以生存，终被淘汰。而蝮蛇属于广食性蛇种，适应性较强，特别是其具有的特异颊窝和毒牙的功能，使蝮蛇大受其益，在残酷的生存竞争中存活下来，并成为今日蛇岛的

暖，天然岩缝和洞穴众多，适合蝮蛇的生存繁衍。

虽然蛇岛上生存这么多蝮蛇的谜团已经找到了答案，但为什么蛇岛只有一种蝮蛇呢？

有人认为，蛇岛面积很小，可供蛇类吞食的东西有限，捕食鸟类也并不容易，往往还会遭到老鹰的袭击，对于那些食性较窄，自卫能力弱的蛇类来说，难以在岛上生存。而蝮蛇的食性相当广，猎食和自卫能力都很强，在长期的自然演

主宰。蛇岛蝮蛇的食物来源，主要是每年岛上过往的大量候鸟。蝮蛇的耐渴能力较强，依靠岛上天然露水和雨水即可生存。

但也有人对此不以为然，他们认为，蛇岛周围海域共有五个小岛，地理环境和气候条件差不多，为何其他四个岛上没有蝮蛇，唯独蛇岛上有这么多的蝮蛇呢？有人说蝮蛇既然是从大陆上过渡到原来与之相连的蝮蛇岛上的，那么其他的小岛为什么没有蝮蛇似乎也可以得到解答了，只要知道这四个小岛不是从大陆中分离出去的，而一直是离开大陆的小岛，这样就可以解释这个现象了。

当然，每个人都有自己的看法，哪一种"可能"都有可能是真正的答案。看来，这个问题一时还不能解答出来，还需要在慢慢的研究探索中寻找出真正的原因。

◆ 东非大裂谷

许多人在没有见到东非大裂谷之前，一直把那里想象成一条狭长、黑暗、阴森、恐怖的断涧深渊，其间荒草漫漫，怪石嶙峋，杳无人烟。其实，如果你来到裂谷之处，会发现展现在眼前的完全是另外一番景象：远处，茂密的原始森林覆盖着绵延的群峰，山坡上长满了盛开着的紫红色、淡黄色花朵的仙人掌、仙人球；近处，草原广袤，翠绿的灌木丛散落其间，野草青青，花香阵阵，草原深处的几处湖水波光闪闪，山水之间，白云飘荡。裂谷底部，平平整整，坦坦荡荡，牧草丰美，林木葱茏，生机盎然。

当乘飞机越过浩瀚的印度洋，进入东非大陆的赤道上空，从机窗向下俯视时，可看见地面上有一条硕大无朋的"刀痕"，顿时让人觉得惊异而神奇，这就是著名的"东非大裂谷"，亦称"东非大峡谷"或"东非大地沟"。由于这条大裂谷在地理上已经超过东非的范围，一直延伸到死海地区，因此也有人将其称为"非洲——阿拉伯裂谷系统"。

这条长度相当于地球周长1/6的大裂谷，气势宏伟，景色壮观，是世界上最大的裂谷带，因此又被人形象地称为"地球表皮上的一条大伤痕"，古往今来迷住了许多人。

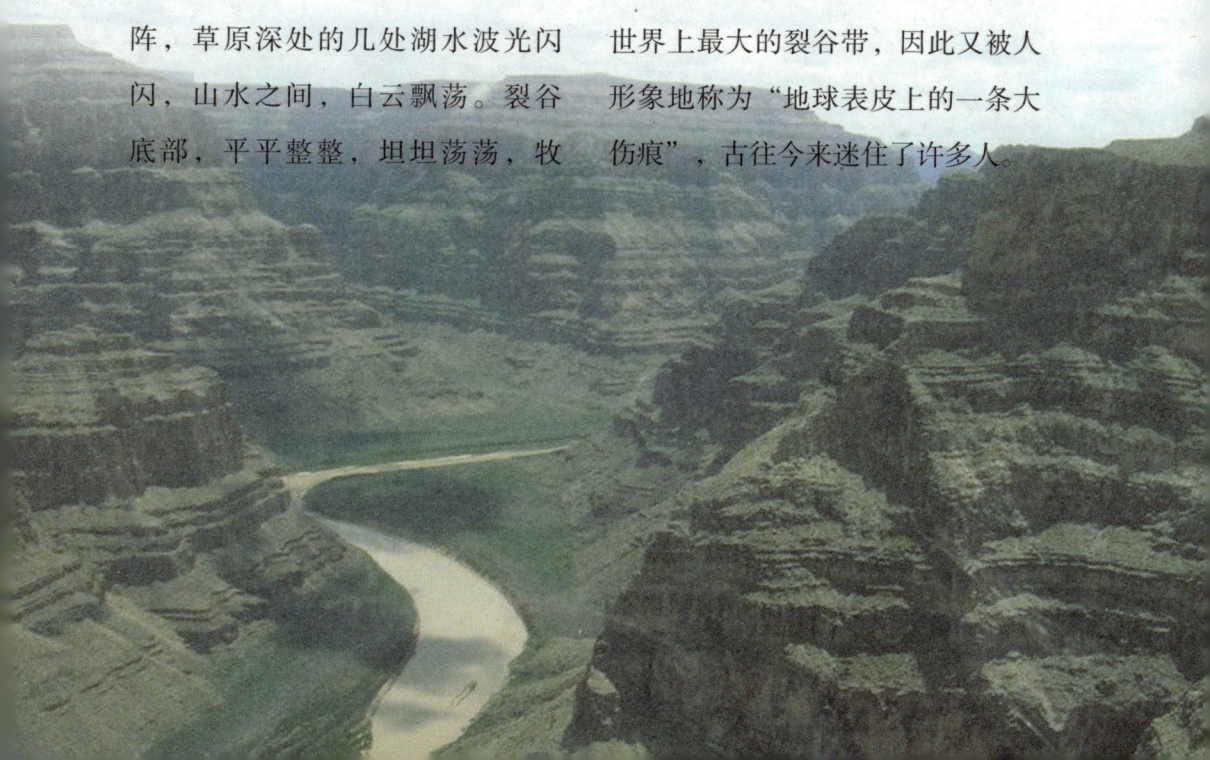

东非大裂谷北起西亚的死海-约旦河谷地，南出亚喀巴湾经红海，由东北向西南纵贯埃塞俄比亚高原中部。抵达埃塞俄比亚南端的阿巴亚湖后，大裂谷分成东西两支继续向南延伸。东支裂谷为主裂谷，它经肯尼亚北端的图尔卡纳湖向南纵贯肯尼亚高地，过马尼亚拉湖向西南延伸至坦桑尼亚南端的马拉维湖。西支裂谷出阿巴亚湖后，经蒙博托湖、爱德华湖、基伍湖、坦噶尼喀湖、鲁夸湖，呈弧形入马拉维湖。到达这个地方后，中间分开的大裂谷合并在一起，并继续向南延伸，经希雷河达赞比亚河河口入印度洋消失。

那么，东非大裂谷是怎么形成的呢？地质学家们经过考察研究后认为，大约在3000万年以前，由于强烈的地壳断裂运动，使得同阿拉伯古陆块相分离的大陆漂移运动而形成了这个裂谷。板块构造学说认为，这里是陆块分离的地方，那时候，这一地区的地壳处在大运动时期，整个区域出现抬升现象，地壳下面的地幔物质上升分流，产生巨大的张力，正是在这种张力的作用之下，地壳发生大断裂，从而形成裂谷。由于抬升运动不断地进行，地壳的断裂不断产生，地下熔岩不断地涌出，渐渐形成了高大的熔岩高原。高原上的火山则变成众多的山峰，而断裂的下陷地带则成为大裂谷的谷底。

东非大裂谷下陷开始于渐新世，主要断裂运动发生在中新世，大幅度错动时期从上新世一直延续到第四纪。北段形成红海，使阿拉伯半岛与非洲大陆分离，马达加斯加岛在几条活动裂谷扩张作用下，也与非洲大陆分裂开。

东非裂谷带地形复杂，千姿百态。有的地方高峰耸立，层峦叠嶂；有的地方峡谷幽深，湖光秀美。裂谷带还有许多的火山。在众多的火山中有数百年不曾活动的死火山，也有20世纪还曾爆发过的活火山。其中最为著名的有乞力马扎罗山和位于肯尼亚境内的肯尼亚火山。

东非大裂谷还是一座巨型天然蓄水池，非洲大部分湖泊都集中在这里，大大小小约有30几个，著名的有阿贝湖、沙拉湖、图尔卡纳湖、马加迪湖、马拉维湖、坦噶尼喀湖等。这些湖泊呈长条状展开，顺着裂谷带形成串珠状，成为东非高原上的一大美景。

这些裂谷带的湖泊，水色湛蓝，辽阔浩荡，千变万化，不仅是旅游观光的胜地，而且湖区水量丰富，湖滨土地肥沃，植被茂盛，在这里还生活着许多野生动物，如大象、河马、非洲狮、犀牛、羚羊、狐狼、红鹤、秃鹫等。现在这些地方已被坦桑尼亚、肯尼亚等国政府辟为野生动物园或者野生动物自然保护区。

古往今来，东非大裂谷一直引人注目。当今世界，东非大裂谷的

板块运动示意图

尼罗河 阿拉伯半岛 红海 亚丁湾 印度洋

非洲
东非大裂谷
维多利亚湖 乞力马扎罗山
坦噶尼喀湖
马拉维湖

认为，可能再过数百万年时间，火山活动频繁的东非大裂谷的"伤口"将越来越大，最终变成海洋，正如今天的红海一样。而反对板块理论的人则认为大陆和大洋的相对位置不会有重大改变，地壳活动主要是做上下的垂直运动，裂谷不过是目前的沉降区而已。在它接受了巨厚的沉积之后，将来也可能转向上升运动，形成高山而不是大洋。

未来命运，更是举世关注。因此，许多国家的科学家从不同角度对这一问题进行了研究。大陆漂移说和板块构造说的创立者及拥护者坚持

奇湖奇观

◆沥青湖之谜

彼奇湖位于加勒比海东南的特立尼达岛上，面积约0.36平方千米。说是湖，但它却没有水，有的却是天然的沥青，所以人们称之为"沥青湖"。该湖黝黑发亮，就像一个巨大精致的黑色漆器盆镶嵌在大地上。湖面沥青平坦干硬，不仅可以行人，还可以骑车。湖中央是一块很软很软的地方，在那里，源源不断地涌出沥青来。因此，被人们誉为"沥青湖的母亲"。

这个湖的神奇之处在于湖中沥

一块木头交给科学家研究。结果表明：树干的质量极其优良，同时证明这棵树的年龄为5000多岁。

彼奇湖为什么会蕴藏丰富的沥青湖？在湖中为何还会冒起千年古树来呢？

青"取之不尽，用之不竭"。自1860年以来，人们已不停地开采了100多年，被运走的沥青多达9000万吨，而湖面并未因此而下降，据地质学家考察和研究，该湖至少深100米，如果按每天开采100吨计算，再开采200年也不会采尽，它是目前世界上最大的天然沥青湖。更叫人疑惑的是，1928年的一天，在这个沥青湖上突然冒出一颗高于4米的大树，矗立在沥青湖中央。30天后，这棵树又倾斜着沉了下去。在此期间，人们设法从这棵树上砍下

◆ 圆锥湖之谜

波森维湖位于非洲西部加纳境内，湖面呈正圆形，直径7000米。这是一块镶嵌在茫茫丛林中的碧玉，洁净晶莹的湖面水平如镜，蓝天、白云和周围的郁郁葱葱的林木清晰地倒映在湖水中，透出令人陶

醉的幽静，风光旖旎，美若仙境。

用现代测量仪器对湖泊进行科学测绘，人们惊讶地发现，波森维湖周边弧形曲率几乎处处相等，是个不折不扣的正圆形。更离奇的是，湖底呈一个极其规则的圆锥形盆状。正圆形湖面的圆心垂直投影正好落在标准圆锥盆形湖底的锥顶尖上。因此在湖面中心测量，可测得湖水深70多米，这是波森维湖的最深处。从这湖中心渐渐向湖岸测量过去，可以发现湖泊水深在均匀地递减，越

靠近湖岸湖水越浅，离湖中心相同距离的湖面各点处，可测得相同的水深。测量数据表明，波森维湖的湖底是一个标准的圆锥盆形，湖面是个圆形，这儿的湖水聚集成一个硕大的圆锥体，因此波森维湖得名为"圆锥湖"。

人们在惊叹世界真奇妙之余，不禁要问，是谁造就了这个如此规则的"圆锥湖"呢？在我们人类的文字史料或口传史料中，根本不存在任何关于"圆锥湖"的只言片

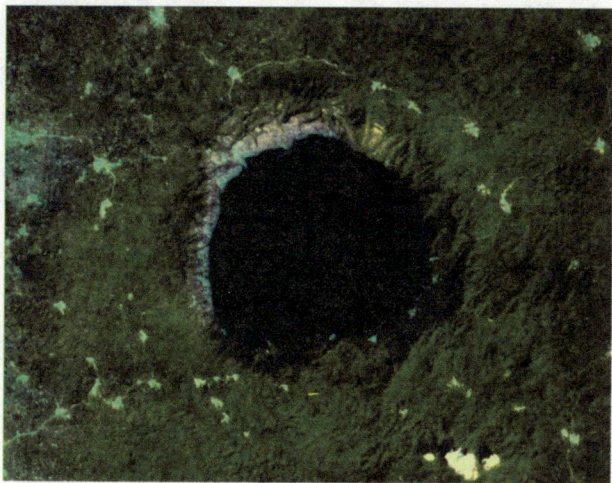

语。这湖泊究竟是如何形成的？圆锥形湖盆是我们史前祖先人工开凿，还是大自然鬼斧神工的杰作？至今这仍是一个未解之谜。

要在岩石中开凿一个底圆直径为7000米、深70多米的尺寸非常精确的圆锥形湖盆，即使运用现代的施工技术来完成，这项工程也是困难重重，史前人类怎能办到，更何况也没有修建的必要。为此，考古学家、地质学家、人类学家们不断组团考察探索，力求解开其中的奥秘。在各种考察成果的基础上，科学家们提出了解释"圆锥湖"成因的种种假说，虽然它们各有一定的道理，但都没有令人完全信服的证据。

有科学家提出陨石撞击假说，认为地球还处在没有大气层保护的早期，从宇宙中飞来一颗巨大的陨石，它的撞击和爆炸造就了今天的"圆锥湖"。可是要炸成如此巨大的湖盆，陨石该多大呢？据计算，陨石的直径至少3000米以上，而且撞击刹那间的速度起码超过每秒2万米。这样的陨石撞击必然在"圆锥湖"周围留下明显的遗迹，事实上，"圆锥湖"附近，甚至全世界都找不到如此尺寸的庞然大物，在湖边丛林里也没有陨石爆炸后的碎块存在。

有科学家提出地壳运动假说，认为地球上的湖泊一般都是由地壳运动造就的，"圆锥湖"也不例外。地壳运动能引起断裂、拗陷，从而形成裂谷、洼地，积水成湖，这类湖泊的湖底基本成带状构造，沿裂隙分布。只有当地壳运动造成裂口而地下熔岩喷涌而出时，才可能出现呈圆锥形的火山口。当火山停止喷发，熔岩冷却凝固成盆底，然后积水成"圆锥湖"。不过世界上火山口湖确实不少，可是形成如此规则的圆锥盆形湖底的唯有波森维湖，而且地质学家通过考察研究认为，这一地区从来没有过火山爆发的历史，火山爆发造就"圆锥湖"的假说难以令人完全信服。

有人认为，既然无法从理论上

解释清楚"圆锥湖"的来历，看来只有是外星人来到地球后留下的杰作了，也许"圆锥湖"是他们为准确降临地球而精心构筑的标记。

然而，更多的科学家还是认为，这奇妙神秘的"圆锥湖"很可能是宇宙小天体的撞击，或是火山爆发以及其他地质灾害所致。但是仅凭一种推测或一种假说是不能服众的，所以，人们还一直在探索其成因。

◆ 死而复生的湖

湖泊也有生死轮回吗？且每三十年为一个轮回，即每三十年就失踪一次。这种现象让人百思不得其解。对湖泊生死轮回的研究将成为我们在研究湖泊工作方面的新课题。湖泊也会死而复生吗？这让人听起来感觉匪夷所思，但是这种会死而复生的湖泊的确是存在的。

俗话说："桂林山水甲天下，阳朔山水甲桂林。"在我国广西阳朔县的美女峰下，有一个占地面积为三百亩的犀牛湖，湖面澄碧，鱼蟹游弋。然而，1987年9月30日，湛蓝的湖水却突然全部消失，只留下了湖底的淤泥。人们大惊失色！据当地人回忆，此前一个月，犀牛湖附近地下曾发出"隆隆"之声，湖水水位同时也略有降低，但湖水仍保持两米左右的深度。在1987年9月29日一夜之间湖水突然变得荡然无存。

犀牛湖约三十年失踪一次在阳朔县志中早已有过记载。一些地质

水上涨。由于水压不断加大，溶孔又会被水流疏通，如果进水量与渗水量相当，就维持了湖水的动态平衡。如果溶孔突然扩大为大的溶洞，就会听

学家通过研究分析后作出解释，他们认为犀牛湖靠雨水、地表水和地下水补充水位，而湖水渗入桂林地区特有的以石灰岩架构的地下暗河时，它们夹带的泥沙就会堵塞石灰岩的溶孔，导致地下暗河断流，湖

到地下"隆隆"作响，湖水转瞬流光，于是就会发生犀牛湖"失踪"这样的奇事。但是，三十年一轮的生死轮回周期又怎么解释呢？

无独有偶，在大洋洲和美洲也有像犀牛湖这样的会"生"会

"灭"的周期湖。澳大利亚的悉尼有一个乔治湖，湖水碧波荡漾，湖面鸟类成群，然而，1982年夏季的一天，湖水却神秘地消失了，湖底青草代替了碧波荡漾的湖水。据史料记载，自1820年乔治湖首次失踪算起，至今已消失过五次，也是大约三十年轮回的周期。

在中美洲的哥斯达黎加，有座世界著名火山——波阿斯火山，自1955年最后一次喷发后，火山口因积水而成为湖泊，由于含有大量的火山熔岩气体，湖水温度远远高于气温。自1987年起，热水湖不知什么原因就开始逐渐缩小，到1989年2月，湖水彻底干涸了，湖底出现了黄色"石笋"。让人更觉得奇怪的是，半年以后，"石笋"陆续倒塌，热水湖原址上又出现了直径分别为24.11米、28.15米的两个新湖。构成石笋的硫磺溶解在水中，人称"硫磺湖"，其湖水温度比原来的热水湖高出几倍，达到116℃。这些湖泊为什么会突然"死"去，又为什么有三十年的"生命周期"？热水湖为什么会变为两个硫磺湖？湖水的温度为什么会升得比沸水温度还要高呢？种种问题令人非常迷惑。

湖泊起死回生、周而复始的现象非常耐人寻味，到目前，科学家们还没有找到其大约三十年一轮回的原因。因此，湖泊生死成为了一个未解之谜，还有待于人们去探讨。

◆ 神奇的贝加尔湖

贝加尔湖位于俄罗斯东西伯利亚南部，是亚欧大陆上最大的淡水湖，也是世界上最深和蓄水量最大的湖。贝加尔湖湖型狭长弯曲，宛如一弯新月，所以又叫"月亮湖"。其湖水清澈透明，透过水面像透过空气一样，一切都历历在目。温柔碧绿的水色令人赏心悦目。

沿着宽阔的柏油路，从伊尔库茨克弯弯曲曲地穿过丘陵、古老的乡村、现代的建筑物，在不远处展现出宽阔的安加拉河，突然，目之所及，惊讶之余，你可发现一大片平静、蔚蓝的水面，这便是西伯利亚的珍珠——贝加尔湖。

"贝加尔"一词源于布里亚特语，意为"天然之海"。贝加尔湖狭长弯曲，长636千米，平均宽48千米，最宽处79.4千米，好像一轮弯弯的月亮镶嵌在东西伯利亚南缘，面积约31500平方千米，居世界第8位。贝加尔湖总容积23600立方千米，占全球淡水湖总蓄水量的1/5，相当于北美洲五大湖的总水量，是全世界最深，也是蓄水量最大的淡水湖。其容积巨大的秘密在于其深度，该湖平均水深730米，最深1620米。贝加尔湖湖水源于色棱格河等大大小小336条河流，水源极端丰富。湖水由安加拉河流出，河水十分湍急，湖水从其宽阔的石子河床上迅疾流逝，一路向北奔向叶尼塞河，最终汇入北冰洋。

贝加尔湖湖中有岛屿27个，最大的是奥利洪岛，面积约730平方千米。湖水结冰期长达5个多月，湖滨夏季气温比周围地区约低6℃，冬季约高11℃，具有海洋性气候特征。贝加尔湖湖水澄澈清冽，且稳定透明，透明度达40.8米，为世界第二。

贝加尔湖是世界上最古老的湖泊。湖底为沉积岩，第四纪初的造山运动形成了该湖周围的山脉，湖区地貌基本形成的时间迄今约2500万年。贝加尔湖下面存在着巨大的地热异常带，火山与地震频频发生。据统计，湖区每年约发生大小地震2000次。

贝加尔湖还有很多未解之谜。湖里长有热带的生物，像贝加尔湖薜虫类动物，其近亲就生活在印度的湖泊里；贝加尔湖水蛭在我国南方淡水湖里才能见到；贝加尔湖蛤子，只生存在巴尔干半岛的奥克里德湖。

而最使科学家感兴趣并且迷惑不解的是，贝加尔湖湖水一点不咸，也就是说它与海洋不相通，但

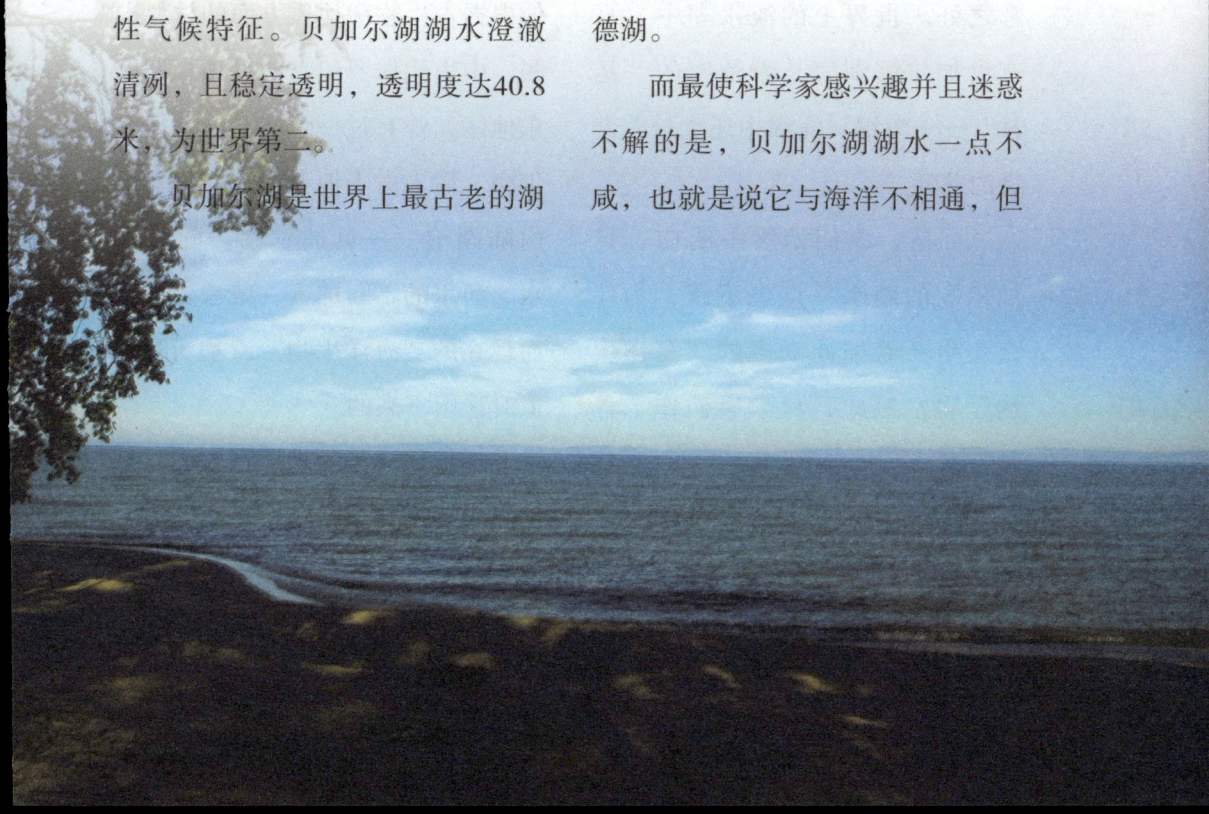

在湖水中却生活着许多地地道道的海洋生物，如海豹、鲨鱼、海螺等，这也正是贝加尔湖的不同寻常之处。世界上的淡水湖中，只有贝加尔湖湖底长着浓密的"丛林"——海绵，海绵中还生长着奇特的龙虾。

可是，人们始终不明白，贝加尔湖的湖水一点也不咸，为什么会生活着如此众多的"海洋生物"呢？对此，科学家们作了种种推测。

最初的时候，一些科学家认为，地质史上贝加尔湖是和大海相连的，海洋生物是从古代的海洋进入贝加尔湖的。前苏联科学家维列夏金认为，这是地壳变动的结果。他根据古生物和地质方面的材料推测，中生代侏罗纪时的贝加尔湖以东地区，曾有过一个浩瀚的外贝加尔海。后来由于地壳变动，留下了内陆湖泊——贝加尔湖。随着雨水、河水的不断加入，咸水变淡，而现在的"海洋生物"就是当时海退时遗留下来的。

20世纪50年代初期，人们在贝加尔湖附近打了几口很深的钻井。但从取上来的岩芯样品中，人们没有发现任何关于中生代的东西。也有一些材料证明，没有中生代的沉积层，只有新生代的沉积岩层。贝加尔湖地区长时间以来一直是陆地。贝加尔湖是在地壳断裂活动中形成的断层湖，从而否定了湖中海洋生物是海退遗种的说法。

那么，湖中的海洋生物到底从何而来呢？它们又是怎样进入湖中的呢？苏联的贝尔格院士等人认为，只有海豹和奥木尔鱼是真正的海洋生物，它们可能是从北冰洋沿着江河来到贝加尔湖的。

那么，如何解释海绵、龙虾、海螺、鲨鱼等生物的生存呢？萨尔基襄认为，贝加尔湖有类似海洋的一些自然条件，如贝加尔湖非常像海洋盆地，所以在许多淡水动物的身上，产生了像海洋动物一样的标志。

关于贝加尔湖特有的生物来源问题，至今没有水落石出。但是，无论如何，我们始终相信随着科学技术的不断发展和人们对自然科学认识的不断深入，贝加尔湖变幻不定、深奥莫测之谜的这层面纱终究会被揭开。

◆南极暖水湖

如果有人告诉你,南极那儿还有一个暖水湖,你会相信吗?首先申明,不是由于地热。

众所周知,南极大陆有"冰雪大陆"之称,南极是地球上最冷的地方。但在南极大陆维多利亚地区附近的干谷地区却终年不降雪,更无冰川。更令人称奇的是,平谷底部的范达湖竟是一个暖水湖:它表面虽然有一层3~4米厚的冰层,近冰层水温为0℃左右,但是随着深度增加,湖水温度迅速提高,在68.6米深的湖底部,水温高达27℃。探险家们发现,在南极大陆共有20多个湖泊,不仅终年不冻,而且湖水温暖。

科学家们对南极这些不冻湖泊非常感兴趣。他们研究发现,南极湖泊有3种类型:一是湖面冰冻,冰不是液态水;另一类是湖面季节性冰冻,夏季湖面解冻,液态水出露湖面;还有一类是寒冬湖面水也不冻。最为奇特的就是范达湖,尽管湖表面有冰层,但随着深度增加，湖水温度迅速提高，直到湖底水温接近27℃。

为什么在冰天雪地的南极大陆还会有暖水湖呢？科学家们提出了各种看法。一些人认为，可能有一股来自地壳的岩浆流烤热了湖底的岩层，提高了湖底水的温度。持反对意见的学者认为，至今没有在湖底找到地壳断裂带，所以地热不可能传出地表面温暖湖水。1973年11月，科学家在范达湖进行了钻探，钻头穿过湖面冰层、水层，钻入湖底岩层，取了宕心，结果发现湖底水很暖，但湖底岩层却很冷。这也证明了湖底的岩层并没有被烤热。

还有一些人认为，范达湖湖水可能是被太阳晒热的，因为范达湖湖水清澈，湖面冰层没有积

雪，太阳的短波辐射可以穿过冰层和水层，到达湖底，暖热了水温。同时湖面冰层，又能像棉被那样挡住湖水热量的散发，所以湖底的水可以保持这样高的温度。但是，一些学者提出，较暖的表层湖水通过对流，必然把热量传给周围湖水，结果应该是整个湖水都变暖。另外，在南极半年的极夜期，为什么能保持这样高的水温，而在另半年的极昼时期，它的水温并没有无限制地升高呢？

此外，也有人认为范达湖的温水是受海底温泉加热而成的，可是至今也没有找到热泉。有人提出可能湖里存在某种特殊化学物质在反应放热，但至今也没找到这种物质。在这块年平均气温达– 25℃、极点最低温为– 90℃左右的世界极寒的冰原中，暖水湖的成因实是一个谜。弄清南极大陆湖泊的真相，也许可揭开冰川学、古环境以及地球环境演变的许许多多的谜。

第三章 自然界的奇闻怪事

　　自然界中蕴藏了千奇百怪的自然物，有些是我们看后听后感到惊讶不已的奇闻怪事。

　　南极"魔海"为何有如此的魔力呢？百慕大"魔鬼三角"为何如此恐怖呢？"火炬岛"在什么魔力下可以使人自焚呢？谁为何会一反自然规律往高处流呢？神秘地带为何会冬暖夏凉呢？神奇的圣塔柯斯小镇的五大谜团如何解释呢？不种地怎么会长出油菜来呢？岩石难道也有生育能力吗，岩石上是怎么产出蛋来的呢？诸如这样的奇闻怪事是我们疑惑不解的，面对这样纷繁复杂的自然奇闻，本章我们将为你解开其中难以捉摸的奥秘。

山水奇闻

◆南极"魔海"

在南极有一个魔海，这个魔海虽然不像百慕大三角那么贪婪地吞噬舰船和飞机，但它的"魔力"足以令许多探险家畏途，这就是威德尔海。威德海是一个冰冷的海，可怕的海，种奇莫测的海，也是世界上又一个神奇的魔海。

威德尔海是南极的边缘海，南大西洋的一部分。它位于南极半岛同科茨地之间，最南端达南纬83°，北达南纬70°~77°，宽度在550千米以上。它因1823年英国探险

家威德尔首先到达于此而得名。

　　魔海威德尔海的流冰有着巨大威力。南极的夏天，在威德尔海北部，经常有大片大片的流冰群，这些流冰群像一座白色的城墙，首尾相接，连成一片，有时中间还漂浮着几座冰山。有的冰山高一两百米，方圆二三百平方千米，就像一个大冰原。这些流冰和冰山相互撞击、挤压，发出一阵阵惊天动地的隆隆响声，使人胆战心掠。船只在流冰群的缝隙中航行异常危险，说不定什么时候就会被流冰挤撞损坏或者驶入"死胡同"，使航船永远留在这南极的冰海之中。1914年英国的探险船"英迪兰斯"号就被威德尔海的流冰所吞噬。

　　在威德尔的冰海中航行，风向对船只的安全至关重要。在刮南风时，流冰群向北散开，这时在流

冰群之中就会出现一道道缝隙，船只就可以在缝隙中航行，如果一刮北风，流冰就会挤到一起，把船只包围，这时船只即使不会被流冰撞沉，也无法离开这茫茫的冰海，至少要在威德尔海的大冰原中呆上一年，直至第二年夏季到来时，才有可能脱险。

但是由于一年中食物和燃料有限，特别是威德尔海冬季暴风雪的肆虐，使绝大部分陷入困境的船只难以离开威德尔这个魔海，它们将永远"长眠"在南极的冰海之中。所以在威德尔及南极其他海域，一直留传着"南风行船乐悠悠，一变北风逃外洋"的说

法。直到今天，各国探险家们还倍守着这一信条，足见威德尔海的神威魔力。

在威德尔海，不仅流冰和狂风对人施加淫威，而且鲸群对探险家们也是一大威胁。夏季，在威德尔海碧蓝的海水中，鲸鱼成群结队，它们时常在流冰的缝隙中喷水嬉戏，别看它们悠闲自得，其实凶猛异常。特别是逆戟鲸，是一种能吞食冰面任何动物的可怕鲸鱼，有名

的海上"屠夫"。当它发现冰面上有人或海豹等动物时，会突然从海中冲破冰面，伸出头来一口吞食掉，以那细长的尖嘴，贪婪地吞噬海豹和企鹅，其凶猛程度，令人毛骨悚然。正是逆戟鲸的存在，也使得被困于威德尔海的人难以生还。

绚丽多姿的极光和变化莫测的海市蜃楼，是威德尔海的又一魔力。船只在威德尔海中航行，就好像在梦幻的世界里飘游，它那瞬息

万变的自然奇观，既使人感到神秘莫测，又令人魂惊胆丧。有时船只正在流冰缝隙中航行，突然流冰群周围出现陡峭的冰壁，好像船只被冰壁所围，挡住了去路，似乎随入了绝境，使人惊慌失措。雾时，这冰壁又消失得无影无踪，使船只转危为安。有的船只明明在水中航行，突然间好像开到冰山顶上，顿时把船员们吓得魂飞九霄。还有当晚霞映红海面的时候，眼前出现了金色的冰山，倒映在海面上，好像向船只砸来，给人带来一场虚惊。在威德尔海航行，大自然不时向人们显示它的魔力，戏弄着人们，使人始终处在惊恐不安之中。经查实，才知是大自然演出的一场闹剧。正是这一场场闹剧，不知将多少船只引入歧途，甚至有的为避虚幻的冰山而与真正的冰山相撞，有的受虚景迷惑而陷入流冰包围的绝境之中。

它的北部为百慕大群岛，西南部是佛罗里达半岛和古巴，东南部是波多黎各岛。由于这块海面上不断有飞机轮船奇怪失事，被人称之为"魔鬼三角区"。

◆百慕大"魔鬼三角"

百慕大三角区是大西洋里的一个海面面积约26平方千米的海区，

从1609年最早记录的 在这里失踪，到1969年接连发生了6次飞机失事，近2000人死亡，300多年来悲惨事故接连发生。这些奇怪神秘的失踪事件，主要是在大西洋的一片叫"马尾藻海"地区，为北纬20°～40°、西

经35°～75°之间的宽广水域。这儿有世界著名的墨西哥暖流，以每昼夜120～190千米流过，且多漩涡、台风和龙卷风。不仅如此，这儿海深达4000～5000米，有波多黎各海沟，深7000米以上，最深达9218米。

到目前为止，对"百慕大魔鬼三角"的解释可归纳为如下几类：一类认为，这些失踪是由于超自然的原因造成的，联想到是否是外星人的飞碟在作怪；第二类则认为是自然原因造成的，如地磁异常、洋底空洞，甚至还有人提出泡沫说、晴空湍流说、水桥说、黑洞说等等，用一些奇异自然现象来解释"百慕大魔鬼三角"。最近，英国地质学家，利兹大学的克雷奈尔教授提出了新观点，他认为：造成百慕大海域经常出现沉船或坠机事件的元凶是海底产生的巨大沼气泡。在百慕大海底地层下面发现了一种由冰冻的水和沼气混合而成的结晶体。当海底发生猛烈的地震活动时

被埋在地下的块状晶体被翻了出来，因外界压力减轻，便会迅速气化。大量的气泡上升到水面，使海水密度降低，失去原来所具有的浮力。恰逢此时经过这里的船只，就会像石头一样沉入海底。如果此时正好有飞机经过，当沼气遇到灼热的飞机发动机，无疑会立即燃烧爆炸，荡然无存。与此相反，有些人认为这些奇特的失踪现象彼此间并无联系，因而也就否定百慕大魔鬼三角的存在。

全世界的科学家们在不断的研究探索中，对百慕大提出了很多推断和设想。

有人认为地球的磁场有两个磁极，即地磁南极和地磁北极。但它们的位置并不是固定不变的，而是在不断变化中。地磁异常容易造成罗盘失误而使机船迷航。还有一种看法认为，百慕大三角海域的海底有巨大的磁场，它能造成罗盘和仪表失灵。1943年一位名叫袭萨的博士曾在美国

立刻涌起绿色的烟雾，船和人都消失了。试验结束后，船上的人都受到了某种刺激，有些人经治疗恢复正常，有的人却因此而神经失常。事后，海军配合下，做过一次有趣的试验。他们在百慕大三角区架起两台磁力发生机，输以十几倍的磁力，看会出现什么情况。试验一开始，怪事就出现了。船体周围袭萨博士莫名其妙地自杀了。临死前，他说试验出现的情况与爱因斯坦的相对论有关。他没有留下任何其他论述，以致连试验的本身也成了一个谜。

　　有人认为出现在百慕大三角区机船不留痕迹的失踪事件，颇似宇宙黑洞的现象，但难以解释它何以刹那间消失得无影无踪。

　　有人认为百慕大海域地形的复杂性，造成了次声的产生及其加剧了次声的强度。波多黎各海岸附近的海底火山爆发、海浪和海温的波动都是产生次声的原因。

　　也有的人认为百慕大三角区的

海底有一般不同于海面潮水涌动流向的潜流。因为，有人在太平洋东南部的圣大杜岛沿海，发现了在百慕大失踪船只的残骸。当然只有这股潜流才能把这船的残骸推到圣大杜岛来。当上下两股潮流发生冲突时，就是海难产生的时候。而海难发生之后，那些船的残骸又被那股潜流拖到远处，这就是为什么在失事现场找不到失事船只的原因了。

还有人认为海面上有一种极特殊的风——晴空湍流，这种风产生于高空，当风速达到一定强度时，便会产生风向的角度改变的现象。

这种突如其来的风速方向改变，常常又伴随着次声的出现，这又称"气穴"。航行的飞机碰上它便会激烈震颤。当然严重的时候，飞机就会被它撕得粉碎。

有人则认为是外星人在那里安装了强大的能源点和信号系统，这种装置至今仍在运转，不断击毁飞机、船只。

可惜，这些仅仅是假说而已，而且，每一种假说只能解释某种现象，根本无法彻底解开百慕大之谜。

◆ 恐怖的"火炬岛"

　　在加拿大北部地区的帕尔斯奇湖北边，有一个面积仅1平方千米的圆形小岛，当地人称这一小巧玲珑的岛屿为普罗米修斯的火炬，简称"火炬岛"。据说，这一名称源于一个古老的传说：当年，把火种带给人类的普罗米修斯准备返回天宫的时候，顺手将已经没用了的火炬扔进了北冰洋，然而有火焰的一端并没有沉下去，而是露在水面继续燃烧，天长日久，便形成了一个小岛。经过风吹雨打，小岛上的火渐渐熄灭了。但是，即使过了许多年，它依旧有一种神奇的力量，这就是人一旦踏上小岛，就会如烈焰般地自焚起来。

　　据说早在17世纪50年代，有几位荷兰人来到帕尔斯奇湖。当地人再三叮嘱他们：千万不要去火炬岛。有位叫马斯连斯的荷兰人觉得当地居民是在吓唬他们。他认为：帕尔斯奇湖处在北极圈内，即使想在岛上点上一堆火，恐怕也要费些周折，更不用说是使人自焚了。

因此，马斯连斯对这一忠告没有理睬，固执地邀了几个同伴向火炬岛进发，希望找到所谓的印地安人埋藏的宝物。可是，他们一行来到小岛边时，当地人的忠告让马斯连斯的几个同伴胆怯起来，都不敢再前进半步。只有马斯连斯一人继续奋力向前划去。

同伴们远远地目送着马斯连斯的木筏慢慢接近小岛，心里都很担心，默默为他祷告着。时隔不久，他们突然看到一个火人从岛上飞奔

斯还在继续燃烧。他们立即冲了上去，但谁也不敢跳下去救他，只能眼睁睁地看着他在痛苦中挣扎。

1974年，加拿大普森量理工大学的伊尔福德组织了一个考察组，在火炬岛附近进行调查。通过细致的分析，伊尔福德认为，火炬岛上的人体焚烧之谜，是一种电学或光学现象。这一观点即遭到考察组的另一位专家哈皮瓦利教授的反对：既然如此，小岛上为什么会生长着青葱的树木？并且，在探测中还发

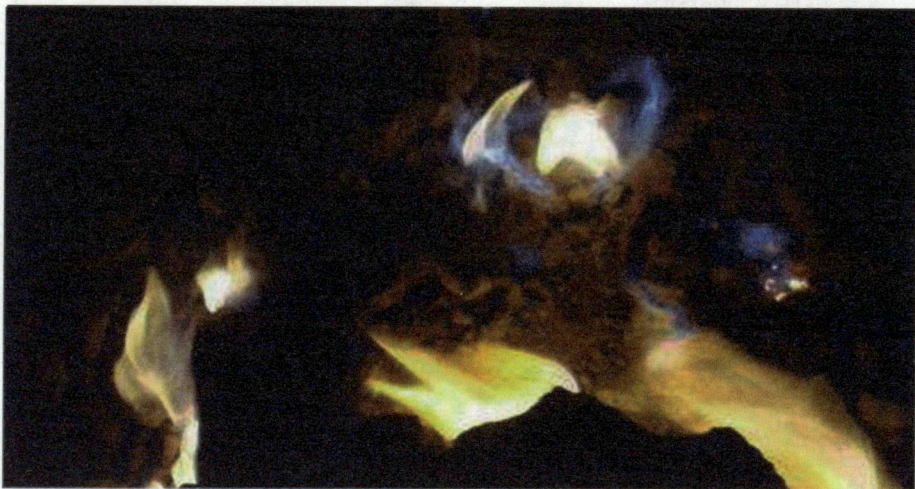

过来，一下子跃进湖里。那不正是马斯连斯吗？只见水中的马斯连

现有飞禽走兽。哈皮瓦利认为：可能是岛上某些地段存在某种易燃物

质。当人进入该地段后，便会着火燃烧。

正因为他们都认为这种自焚现象是由某种外部因素引起的，所以他们就都穿上了用特别的绝缘耐高温材料做成的服装，来到了火炬岛上。在岛上，他们并没有发现什么怪异的地方。然而，就在两个小时的考察即将结束时，考察组成员莱克夫人突然说她心里发热，一会又嚷腹部发热。听她这么一说，全组的人都有几分惊慌。伊尔福德立即叫大家迅速从原路撤回。

队伍刚刚往后撤，走在最前面的莱克夫人忽然惊叫起来。人们循声望去，只见阵阵烟雾从莱克夫人的口鼻中喷出来，接着闻到一股皮肉烧焦的气味。待焚烧结束后，那套耐火服装居然完好无损，而莱克夫人的躯体已化为焦炭。

几年后，加拿大物理学院的布鲁斯特教授就这种自焚现象发表谈话。他认为：这种人身自焚现象并非现在才发生，而是历来就有的。

他用英国作家狄更斯在小说《荒凉山庄》中的一段描述来支持自己的观点：1851年，佛罗里达州的一位67岁的老妇人被烧成灰烬。布鲁斯特认为，这是典型的人体自焚事件，与外界条件毫无关系。它只不过是人体内部构造产生的。因此，他认为，尽管目前还不明白是什么原因导致了自焚，但可以断定与人的生活习惯有关。布鲁斯特的演说立即遭到伊尔福德等人的强烈抨击。伊尔福德认为，人体自焚必定来源于外界因素。

此后，从1974年至1982年，相继有6个考察队前往火炬岛，但无一例外地都是无功而返，而且每次都有人丧生。于是，当地政府不得不下令禁止任何人以科学考察的名义进入火炬岛。现在，火炬岛已是人迹罕至了。然而，它仍旧静静地坐落在帕尔斯奇湖畔，似乎有意等待着人们去揭开笼罩在它身上的神秘面纱。

奇异地形

◆水注高处流

近些年来，地球上出现了很多神奇的地方，如中国有著名的沈阳北郊"怪坡"。这些神秘地带却不遵循客观规律玩起了"小把戏"：树林向一个方向倾斜，物体倾斜落地，人行走而步履稳健。更神奇的是，物体可以自动向坡上运动，甚至出现了水往高处流的情况。这些现象明显违反了牛顿的引力定律，令人费解。

实际上这些神秘现象是由一种"垂直转向"的心理幻觉造成的。迷路、转向、搞错了东南西北的现象我们都很熟悉，它是我们凭感觉

认为的方位和实际方位偏离时产生的一种幻觉。"垂直转向"是在一定的情况下，我们认为的垂直方向显著的偏离了实际的垂直方向即重力的方向。地球上的这些神秘地带的神奇现象，都是在一种"坡上坡"的环境之中，发生了"垂直转向"而产生的。

到一个新地方，新城市，我们常常有一种感觉，那就是搞不清方向，不知道东南西北，因此很容易迷路。好多人在新地方会觉得太阳不再从东边升起，西边落下。当然我们不能因为自己有这种感觉就说这个地方的太阳和自己家中的不一样，就会说自己"方位转向"了。为什么我们会"转向"呢？原来我们身体里没有像鸽子和企鹅那样的天然"指南针"，不能靠地球磁场自动识别方位。因此，日常生活中我们对方位的判断，完全靠周围景物的相对位置。天上的太阳、月亮、星星，还有山川、村庄、田地、树木以及城市的街道、建筑都被我们用来判断方位。在我们熟悉的地方，我们认识周围的景物，知道我们的相对位置，所以不容易方位"转向"，也不易"迷路"。当我们到一个新城市，常常急于搞清东西南北方位，我们需要建立一个坐标系，把周围景物的相对位置搞清。但是我们不熟悉那里，不能靠它们的相对位置来辨别方位，如果是阴天或晚上，看不到太阳，东西南北的坐标系就建立不起来。这时候我们失去了坐标轴，就只能凭印象把头脑中的坐标轴加在新地方，当我们头脑中印象的坐标轴和实际偏离时，就出现了"方位转向"。

地球表面一点的垂直方向是地心和该点的连线方向，该点和重力的方向一致。真正的"下"是沿重力的方向，"上"就是和重力相反的方向。我们所说的"垂直转向"是指在一定的情况下，我们判断的垂直方向明显偏离了重力的方向。我们通常说：天为上，地为下，实际上并不准确。

平常中我们很少"垂直转向"，而且它与"方位转向"有所

不同。因为我们判断垂直方向的能力比判断方位的能力强得多。由于重力吸引，我们能感觉到上、下方向。这种感觉并不是非常准确。另外我们绝大部分同样靠视觉，而并不是根据周围景物判断垂直方向。除了我们直立的身体，树木、建筑物都是垂直参照物。我们更信赖的是脚下的地平面，和它垂直的方向就是垂直方向。当周围的环境造成我们依据视觉判断的垂直方向和重力方向严重偏离，同时我们的感觉又不能够纠正时，就会发生"垂直转向"。"垂直转向"是造成地球上神秘地带的心理原因。但是造成这种"垂直转向"需要一定的地质、地貌环境。

科学家们通过一系列的实验研究推断出，神秘怪坡实际上是一种特殊的地貌组合，我们称之为"坡上坡"。它包括两个坡，即一个"大斜坡"上有另一个"小斜坡"，"大斜坡"与"小斜坡"坡向一致，"小斜坡"的坡度明显小于"大斜坡"。当这种地貌组合处于一定环境，"小斜坡"附近的人把"大斜坡"当成真正的地平面，从而产生错觉发生"垂直转向"，把"小斜坡"的坡顶当成坡底，从而使"小斜坡"的坡向颠倒了。因此我们所看到的现象是"水往高处流"。

解开怪坡之谜，"水往高处流"也便见怪不怪了。我们可以利用怪坡的怪现象创造出有利于人类生存和生活的新环境，从而为人类的发展开启一道新窗口。

◆ 火焰山为何如此热？

《西游记》中有这么一段：唐僧师徒四人走到火焰山时便遭遇到火焰山的阻拦，从此引出了铁扇公主、牛魔王以及三借芭蕉扇的故事。现在的火焰山，依然屹立在吐鲁番盆地北部，当地人称"克孜勒塔格"，意思即"红山"。它绵延100多千米，宽10千米，海拔500多米。

在炎热的夏季，火焰山裸露的表层在太阳烘烤下温度可达75℃，热浪翻滚，使人透不过气来，山上寸草不生。由于地层堆积比较水平，加上岩层软硬相间，在经过长年雨水侵蚀下，顺坡形成一条条沟壑。山体侵蚀下来的物质，在山麓前形成红色的洪积扇裙，扇裙前缘在干旱环境下又形成无数多边形龟裂，使山体变得沟壑林立，曲折雄浑，格外引人瞩目。

虽然高温难耐，但火焰山山体却又是一条天然的地下水库的大坝。正是由于火焰山居中阻挡了由戈壁砾石带下渗的地下水，使潜水位抬高，在山体北缘形成一个潜水溢出带，有多处泉水露出，滋润了鄯善、连木沁、苏巴什等数块绿洲，从而也造就了这一带的生命。

关于火焰山为什么这么热？一直以来有几种说法。第一种说法来自吴承恩，他认为火焰山的生成是孙悟空大闹天宫时，从太上老君炼丹炉出来后，蹬掉几块带着余火的砖，落到人间形成的。

对于此山的形成还有另一个生动的传说：古时候，天山有一条恶龙经常吃童男童女。一位叫哈拉和卓的青年决心降伏恶龙。他手执宝剑，与恶龙激战七天七夜，终于腰斩了恶龙，并把恶龙斩成七截。恶龙不再颤动，变成一座红山，被斩开处变成了山中的峡谷。

其实，火焰山形成于5000多万年前的喜马拉雅造山运动时期。由于地壳横向褶皱运动而形成一系列的背斜构造。火焰山地处"丝绸之路"北道上，至今留存许多文化古迹。

还有一种说法认为火焰山的火，来自地下煤层。有学者在考察火焰山时曾经发现这一带历史上确实有过烈焰熊熊的时候，这是因为构成山体的地层中含有煤层。其中有的煤层厚达11米，它们曾发生过自燃，地表较厚的地方，煤层已经自燃殆尽，而且还可以看见那留下的燃烧过的紫红色结疤。

要知道，煤层自燃在新疆境内并不罕见。硫磺沟煤田火区项目技术人员解释道：如今距离乌鲁木齐市42千米的硫磺沟煤田，自清代光绪年间就是裂隙纵横，浓烟弥漫，

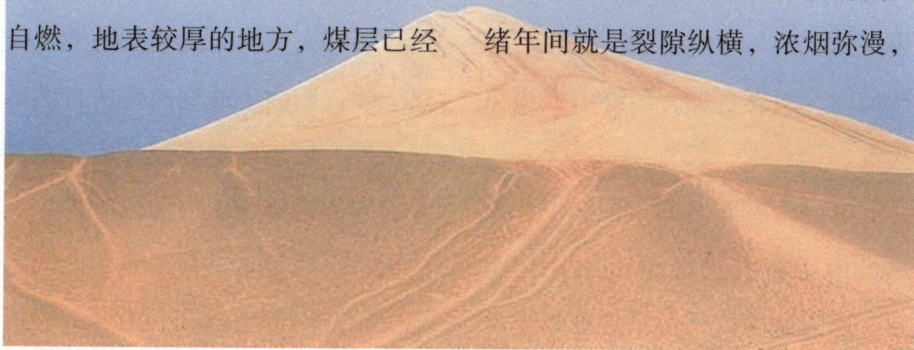

岩隙间火焰呼呼，经年不绝。到如今已经有100多年了。此煤田火区历时四年，于2003年才被扑灭。然而，天山是地质活动较为剧烈的地区，埋在地层中的水平煤层经过多次地质运动，大多变为倾斜煤层，煤层露头后与空气接触，氧化后积热增温，引发自燃，最终酿成煤田火灾。

然而，有人认为，火焰山如此热的原因极有可能是由于地热引起。因为地热，是由于地球物质中所含的放射性元素衰变产生的热量。因为构造原因，地球表面的热流量分布不均匀，就形成了地热异常，这可能就是火焰山为什么这么热的原因了。然而，这也仅仅是一种猜想。

还有人认为为火焰山的天气炎热干燥，归因于此地独特的自然地理条件。据地质学家说，火焰山是天山东部博格达山坡前山带短小的褶皱，形成于五、六千万年前的喜马拉雅造山运动时期。山脉的雏形形成于距今1.4亿年前，基本地貌格局形成于距今1.41亿年前，经历了漫长的地质岁月，跨越了侏罗纪、白垩纪和第三纪几个地质年代。千万年间，地壳横向运动时留下的无数条褶皱带，再加上大自然的风蚀雨淋，便形成了火焰山起伏的山势和纵横的沟壑。山区气温夏季可达47℃，太阳直射处可达80℃，沙面可烤熟鸡蛋。

虽然现在火焰山已经不像《西游记》里所说的那么火焰灼灼的，然而独特的地理条件造就了这个世界上唯一的大火炉，使它的温度依然不减。解开火焰山火热之谜，对我们今后如何进行地下热力资源的开发和利用有很大的帮助。

◆圣塔克斯小镇的五大奇谜

在美国加利福尼亚州旧金山的圣塔克斯小镇西郊，有一个离奇的地方，在这里时常发生有悖常理的事情，比如：人体会变高变矮，人能斜立不倒，能在墙上行走自如，……令人惊讶万分。

（1）第一个"奇谜"

在这个离奇地带的入口处，有两块长约50厘米、宽约20厘米的青石，这两块石板仅相距40厘米左右。看上去，这两块石板与普通石板并没有什么异样，但是却可以使人变形。

人往上一站，高个子越加显得高大，而矮胖子更加矮小肥胖。当他们互换位置时，矮胖子却比高个子更显得魁梧高大了。这块地带的功效看上去与哈哈镜有异曲同工之处。有人怀疑石块高低不同，于是拿来了水平仪测量，可结果两块石板同处于一个水平面上。有人拿来了卷尺测量身高，可是站在石板上与站在其他地方的高度竟完全一样。究竟是人们的视觉差错呢？还是卷尺与人一样发生相应的伸缩呢？这个问题很令人费解。

（2）第二个"奇谜"

从石板到神秘地带的中心地段，是一条坡度极大的羊肠小道，奇怪的是小道周围的树木都朝一个方向倾斜，当人行走在小道上，身体倾斜几乎与小道斜坡平行，行人低头看不见自己双脚，却能稳步向前行走。经过斜坡，便是神秘地带的中心。那里有一间简陋的小屋，四周有污秽木板搭成的围墙。人们一旦进入小屋，身体都会自动向右倾斜，即使想试着将身体端正，可是却很难做到，不知不觉地仍会向右倾斜。究竟是一种什么异乎寻常的引力能使身躯倾斜呢？谁也没法说清楚。

（3）第三个"奇谜"

小木屋的一侧，有一块向外伸展的木板，人们不论从哪个角度去看，木板都是倾斜的。但当有人把高尔夫球放在木板上，球不向下斜的一方滚落，反而向上滚；如果有人用手将球推离木板，球不会垂直而落，而是沿着斜方向掉下来。

（4）第四个"奇谜"

在小木屋里，人们可以在没有任何扶持工具的情况下，安然地站在房子的板壁上，甚至可以毫不费力地在板壁上自由自在地行走。这种情形就感觉类似于《西游记》中孙悟空拜师学艺练功时在树干上垂直走似的。

（5）第五个"奇谜"

在相邻的另一间小木屋里，横梁上悬挂着一条铁链，铁链的下端系着一个直径25厘米、厚约

5厘米的盘状圆形物体，看上去沉甸甸的，犹如台钟的钟摆。奇怪的是只要将这个"钟摆"向一个方向轻轻一推，甚至微微碰一下，它便能摆动起来。可是如果向反方向推，用尽全身力气也很难使它摆动。更有趣的是，这个"钟摆"的摆动十分奇特，每过5至6秒钟，它会自动改变摆动方向，一会儿前后摆动，一会儿左右摇动，一会儿竟划起圆圈来，就这样周而复始地摆动。

以上这些奇怪的现象，都是违悖常理的，是用牛顿的重力定律所无法解释的。还有人认为人能斜着走或是沿着墙壁走，可能是由于该地带的磁极发生侧偏转从而干扰了该地区物体的重力方向，然而这种解释仅仅是猜想而已。圣塔克斯小镇的五大奇谜产生的真正原因给现代科学界带来了很大的研究兴趣，相信这五大奇谜终有一天必将揭开。

◆油菜为何不种自生

　　"野火烧不尽，春风吹又生。"这是用来形容野草的，然而这句话也同样适用于野生油菜。湖北省兴山县香溪口附近的一大片油菜田里的油菜居然能不种自生，给当地村民带来了"福音"。当地村民过着不种自收的生活。每个人都希望能过上一劳永逸的生活，不用劳动就能获得丰收的果实，享受收获的欢乐，但这样的想法实在是太天真了，似乎永远都不会实现。然而，这种现象还真的存在。

　　在我国长江西陵峡中的王昭君故里，即湖北省兴山县香溪口附近，有一块不用播种也能收获油菜的神奇土地。这块不种自收的神奇"福地"占地面积约二百平方千米。当地人每年冬天将山坡上的杂

草灌木砍倒，第二年春天再用火将草木烧掉。待几场春雨过后，喝足了雨水的田地就会生长出碧绿的油菜。到了 4 月中旬油菜便到了花开季节，只见漫山遍野的油菜一片金黄，使得当地人过着这种不种自收的生活。

这块神奇的土地给这里方圆二十多个村庄的人家带来了不少实惠，村里每户每年可收野生油菜籽六十多千克，基本上可以满足当

地人们的生活用油。一位七十多岁的老农说："我从出生起就吃这种油菜，前辈人也是一直吃它。记得1935年发洪水，就连坡上的树都被连根拔走，可第二年春天这里还是照样长出野油菜。"

对于这种不种自收的现象，当地人的祖先们开始也无法解释，于是他们就有了这样的传说：昭君姑娘出塞前曾在此采药，种下菜籽，并嘱咐"连发连发连年发"，所以野生油菜才"野火烧不尽，春风吹又生"。

但传说终归是传说，毕竟没有一点科学依据。野生油菜多年不种自生到底是什么原因呢？期待专家们进一步研究，揭开这层神秘的面纱。

◆ 水塘丢入石头会冒火

俗话说的好，"水火不相容"，但是地处云南省昆明市阿拉乡西邑村的一个小小的水塘却偏偏要证明水火也是可以相容的。

这个小水溏是在阿拉乡西邑村某建筑工地上发现的，该水塘和其他普通水塘没有什么区别，面积大概有四五十平方米，塘水混浊。

但是是这个水塘有一个神奇的地方引起人们极大好奇与关注的地方。起初有一个建筑工人不小心把一块石头掉进的水塘里，随着石块"扑通"一声落入水中，随即在石块落入的地方冒出了点点火光，并且随着"扑扑"的炸裂声。冒出的火花呈桔红色，有鸡蛋大小，一处火光存在的时间大约有1～2秒，并随着涟漪荡开，逐渐向外延伸，最后，

随着水面的平静而逐渐消失。在火光闪现的同时，水面上也冒出阵阵白烟，闻起来有股轻微的燃烧的味道。并且，水面搅得越混乱，出现的火光就越多，烟雾也越浓。

这个奇怪的消息已经传出，从此水塘这里聚集来了不少观看的人们，当然也引来了不少地质学家以及科研人员的关注，他们纷纷前来调查研究造成水塘遇石冒火、冒烟的原因。

经过对当地的建筑工人进行询问得知，这个坑挖掘已经有半年的时间了，一直没发现有什么异常。前不久下过几场大雨，这里就变成了一块水塘。起初在工地上挖掘的工人突然发现位于工地边上的这个水塘突然冒起了白光，由于不远处就是一个公墓，工人们都不敢上前去看。直到天亮后，才有胆子大的工人过去看个究竟，但是没有发现什么异常。当工人们站在塘边正在议论时，一名工人不小心将塘边的土块踢下了水塘，没想到水面上突然冒起了火花，把众人都吓了一跳。随后，胆大的工人扔石头下

去，也发现冒起火光，都觉得很奇怪。为了了解发生这样的状况到底是什么原因造成的，有的工人又将石头扔到了这个水塘附近的其他几个水塘去试试，但是其他的水塘并没有出现这样的怪事，即使是把石头扔进了距离那个怪异水塘仅有三四米的水塘里也并没有这种现象发生。

有关人员经过详细地研究，认为这种现象可能是磷遇空气时燃烧所产生的。尸体在腐烂的时候会产生磷，磷的燃点非常低，只有40℃。水塘附近就是公墓，以前也极有可能就是坟场，时间一长磷就积累了下来，通过丢下石块的作用，磷产生自燃，就形成了火焰。因此极有可能就是磷火。但是附近有那么多的水塘，为什么只有这个水塘会出现这样的现象呢？这磷又是从哪里来的呢？这些问题还没有得到解决。

也有相关人员将手放进这个水塘里，但是把手放进去并没有什么异样的感觉，就跟放进平常水里的感觉一样。究竟产生这种现象的原因是什么呢？希望科学家们早日解开这个谜团。

◆ 墙壁夏天能烙饼

我国重庆江北姚家村的戚师傅家有一面非常奇怪的墙壁，这面墙表面看起来与其他墙壁没什么区别，可是令人感到非常不解的是，这面墙壁的两个瓷砖处有温度，而其他地方却是冷冰冰的。而且更令人惊讶的是，这两块墙面砖，夏天可以摊熟大饼，冬天可以暖手。然而，人们却不知道它为何是暖的。

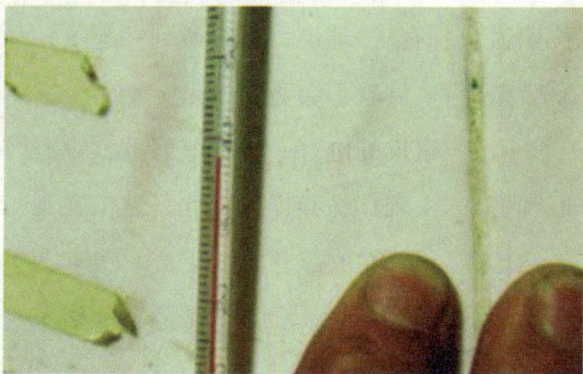

戚师傅现在居住的房子在1963年建成的。因为房龄较长，房子看上去很旧，于是10年前，戚师傅对房子进行了翻新、装修，并且对电路也进行了重新更换，在墙面和地面上贴了地砖、墙面砖，看上去十分整洁。那块有温度的墙面位于客厅，靠近楼梯下楼处，附近还有一个电灯开关。

十年前的一天，戚师傅的妻子下楼，无意中扶了一下墙壁，发现墙壁是暖的，于是马上叫戚师傅查看，摸上去感觉墙壁只是微微有点热，温度不高，由于墙壁上的微热对用电和生活并没有丝毫的影响，所以戚师傅和妻子并没有把这件事放在心上。

发现了发热的墙面后，戚师傅和妻子惊讶地发现：墙面在逐渐升温，甚至摸着烫手。但是就究竟是几摄氏度，戚师傅没有测量过，很快，戚师傅家墙壁发烫的事情在左邻右舍间传开了，大家纷纷到戚师傅家来摸摸那面发烫的墙，结果手一触到那块墙壁就赶快缩了回来。

其中有个邻居给戚师傅出了个注意：想让戚师傅试试如果把一个大饼贴在墙上看看能不能把饼烤熟。这一主意引起了众人的兴趣，有人给戚师傅买来了刚刚做好的面饼，戚师傅就按照大家的意思，把大饼贴到了墙壁上。

面饼贴了一个晚上，戚师傅迫不及待地去查看结果。果然，正如戚师傅所料，大饼熟了。然而，这也增添了戚师傅的担忧，平时都得注意着点，生怕碰到了烫到皮肤。

当天气转冷时，戚师傅又发现，那块发烫的区域的温度竟然也能随着气温的降低而降低，不像夏天那么热，摸上去暖暖的，跟人的体温差不多。拿一根最高刻度为100℃的温度计来测量，温度很快就升到了38℃。

十多年来，发烫的墙壁一直在默默地散发热量，这也成了戚师傅心中难以解开的谜。

人们首先想到的是会不会是电线碰线了？但是戚师傅对电路方面的知识也懂一点，家里的电灯安装、布线都是他一手布置的。按理说，火线碰到一起了，电灯就不会亮，可是，十年了，家里的电灯一直都好好的，没有发现什么异样。因此，这个答案很快就被否定了。

那么，会不会是隔壁邻居家

那里传来的热量呢？或者是隔壁冰箱散发出来的热量呢？带着这个问题，戚师傅找到了隔壁家的邻居，发现邻居家那边根本没有放什么东西，这更加增添可戚师傅的疑惑。

戚师傅百思不得其解，于是从砖上动起了脑筋。他拿了一个冲击钻，给墙壁钻了一个深大20多厘米、直径约为1厘米的小洞。结果也并没有发现什么。把手伸进洞里，发现受热均匀，并没有感到内热外冷。

现在，戚师傅用尽了办法，还是未能揭开墙壁发热之谜。因此，戚师傅希望早日能够在科研专家的帮助下解开一直隐藏在他心里的这个难解之谜。

◆香地为什么发出奇妙的香气

在我国的湖南省洞口县山门清水村西北方约两千米远山腰上的一块凹地处，发现了一处散发着香味的土地，面积仅有50多平方米左右。这是一个群山环抱、人迹罕至的地方，香地上边是悬崖峭壁，下

面是潺潺的小溪，从表面看，这里平淡无奇，与附近地区没有任何区别，生长着与其他地方一样的树木花草等植物，土壤颜色也与周围的相同，但它却能散发出阵阵奇香。土地也能发出香味？这简直太不可思议了。

这块香地是怎么被发现的呢？这个问题还得从一位采药的山民说起。一天，这位采药的山民巧合地路经此地，觉得有一种奇妙的香味扑鼻而来。他感到非常好奇。为了查找香味的源头，他查看了这里所有的花草树木，但是遗憾的是，山民并没有找到答案。最后，他突然明白，原来香味来自脚下的土地。这使得他觉得非常惊奇。

这样，香地的消息一下子传遍

了好多地方，人们纷纷前来观看这片神奇的土地。好奇的人们发现，这一奇特的香味，仅局限在这方圆50米的范围内，只要越出这香地一步，香味顷刻间就闻不到了。经过细致的调查，细心的人们还发现这里的香味随气温的变化而变化，早晨露水未干时，香味显得格外香，这种香让人非常地陶醉；太阳似火的中午，则变得微香；黄昏、天阴或雨后天晴时，香味会渐渐变浓。这种随着天气变化以及时间变化的香地显得更加的神秘莫测。这就是大自然给予人类的恩赐。

那么为什么这块土地会出现香气呢？人们不禁要提出疑问。

难道这块土地对时间、气候的变化这么有感应吗？

有关专家也纷至沓来，期望解开这块神奇土地的香气之谜。经过详细的研究，有关人员认为这种香味可能是由这里地下所存在的一种微量元素引起的，当这一微量元素放射出来后，同空气接触就会形成一种带有香味的特殊气体。那么这种微量元素又是什么呢？它为什么会随着光照强度、时间、湿度的变化而变化呢？为什么方圆百里，唯有这块土地会出现如此神奇的现象呢？这些问题科学家们也没有找到解释的答案。目前，这块神奇的香地还是一个难以解开的谜。

怪异古井

◆ 神奇鸳鸯井

四川省武胜县发现两口神奇的水井。它们相距4米，一清一浊，又被当地人称作鸳鸯井。两井位置等高，深度相当，且井中的水为同一源头所出。但是，奇怪的是，这两口井却有着天壤之别。这里吸引了无数充满好奇心的人来观看，不少的科研人员也纷纷前来试图探究"鸳鸯怪井"隐藏的奥秘。

这两眼井位于武胜县北飞龙镇木井村，井口方正，水面离地1米。其一名上木井，一名下木井。该村79岁老人张炳清说，两口井凿于何年已不得而知。他还唱了一首老歌谣："可观上下两口井，一条大路直穿心；井中清泉最可饮，能分春秋各二季；不知哪朝开的井，

何人称为木井村；此井水丰不断流，润泽大地五谷生。"

首先，两井中之水清浊不一。但两口井好像约好似的，一年要变两次"魔术"：端午节后，清浊互换，而且一个发出微臭的味道，一个却味道香甜；中秋节后，两眼井水又自动恢复原状。一年四季，两口井交替供人饮用。这种交替变换的"鸳鸯怪井"，人们还闻所未闻。

据村民介绍，农历五月初五端午节以前，上木井里的水清澈，下木井的水浑浊。端午节后，两井开始"换班"：上木井里的水变浑变臭，水面泛起一层金黄色的东西，如粪便，不可饮用；而下木井的井水则逐渐变清变甜，供居民饮

用；到了中秋节，两井又再次"换位"。不管它们怎么变，总有一口井的水是清澈的、甘甜的。年年如此，从未错过日期。许多慕名而来的游客看毕大赞造物神奇。

其次，两井水面总会保持一致。居民提上木井的水时，下木井的水位会自然下降；反之，提

下木井的水时，上木井的水位也会随之下降，随后恢复盈满。木井的水常年外溢，形成溪流，成了武胜县第二大水库——红星水库的源头之一。

再次，两口井虽然同源，但井水温度却并不一样，有人专门用温度计做过测试，其井水温差之大非常罕见。天气越热水越冷，天气越冷水越热。冬天，妇女们常到井边洗衣；夏天，远近村民都来打"冰水"解暑。近年来，虽然井水已经不再作为村民生活的饮用水，但井水仍然发挥着灌田浇苗、洗衣解暑的功能。

两井凿于何年已不得而知，但是鸳鸯井为何出现这些神奇的现象实在令人费解。有关地质学家初步分析后认为，两井地质结构存在裂隙，天热时，地下水进入上木井裂隙，地下硫化物随地下水浸入上木井，就有可能形成黄色漂浮物并导致上木井变浑。而天变冷时，地下水改变方向进入下木井裂隙，于是就出现了清浊互换。但居民取水时，两井水位会同时下降。这说明两眼井水相通。

那么，两井温度变化又怎么解释呢？古人是出于什么原因打造出这样神奇的鸳鸯井来的呢？是出于巧合，还是当时就已经具备打出这样神奇的鸳鸯井的科学技术呢？这鸳鸯井的真正奥秘到底在哪里呢？希望相关人士早日揭开鸳鸯井之谜。

◆南宋古井

广东省南澳岛渔民说，海滩上以前有一口井时隐时现。1962年一位到海滩捞虾的青年发现了一口井，并在井口死角石缝中捡到四枚宋代铜钱，分别刻着"圣宋元宝""政和通宝""淳熙元宝""嘉定通宝"。这是海滩古井在解放后第一次被发现。

古井用花岗岩条石砌成，成正方形，口径约1米，深1.2米。尤其令人惊叹不已的是，古井尽管常常被海浪、海沙淹没，井泉却奔涌不停。尽管四周都是又咸又苦的海水，可是井水却质地纯净、甘甜爽口。经过探寻得知，这口古井是1277年南宋亡命皇帝到此避难时挖的水井。

因为古井所处的海滩原是滨海坡地，形成海滩后，古井被海沙淹没，一般难以察觉。当大浪潮来袭之后，大量沙层被卷走，古井便会露出来。据有关资料和当地人回

忆，古井几次出现的位置和形状各不相同，似乎不止一个。有传闻说当年挖过"龙井""虎井""马槽"三口井。根据相关人士分析，1981年9月显出的是"马槽"。

经过相关人士的探索研究，纯净甜淡的井水是渗入地下的雨水，汇集在因陆地下沉、地势明显降低的海滩。一旦井露出来，地下水在水位差的压力下会在井底形成泉涌。渗入地下的淡水，在地质为沙的古井内遇上海水，由于海水比重大于淡水，所以淡水可以浮在海水上。

后来人们又发现，古井的水比自来水还纯净，而这个谜至今尚未揭开。

古怪石岩

◆岩石生蛋

贵州赣南三都水族自治县郊区有一处悬崖，据县志记载，每隔30年就会从岩石中落下一个圆的光滑石蛋，这是什么原因呢？贵州的"喀斯特"地貌由碳酸盐类岩石、硅质砂岩、粘土质页岩、泥质胶结砾岩等构成，当人们泛舟"龙宫溶洞"时，那千奇百怪的岩溶会显现出仙姑、神灵、村姑、牧童、异兽、珍禽、奇花等奇特的景观。

这些奇珍异品，是怎么创造出来的呢？经过研究发现，这些奇迹

是有地球上最多、最常见、最易变形、最柔弱的"水"完成的。经历了百万年的过程，那些远古的水渗入地下，咬噬着坚硬的岩石，年复一年，不断地扩大，最后终于完成了这一壮举。所谓"滴水穿石"，显示了强大的毅力。所以三都县岩石生蛋不过是裂隙中含有二氧化碳的水的杰作。

当然并不完全是水的作用，还要有一定的外力作用，彗星每隔76年光临一次地球也是其中的一个原因。母鸡生下壳上绘有彗星图案的怪蛋，如雕似印。1986年意大利又生下一枚，前苏联生物学家亚历山大·涅夫斯基认为"二者之间肯定具有某种因果关系，这种现象也许和免疫系统的效应原则、生物的进化是相关的。"熟悉万有引力的人都知道，月亮圆缺和潮汐升落关系密切，贵州有种"潮泉"，又称"问歇泉"，其中以贵阳市灵山后的"圣泉"涨歇现象最为奇特，泉水约9分钟涨歇一次，因而古人又称为"百刻泉"，可验潮汐。引力场是一种电磁波，月亮30天完成一个圆缺循环，对岩石生蛋自然起着一种催化作用。

◆悬崖上的巨型足迹是谁所留

在四川邦达至昌都的公路边悬崖峭壁上，印有一左一右两个一人余高的巨型神秘脚印。据目测，两个巨型脚印在离地七八米高的悬崖峭壁上，长约一百四十厘米，宽约四十厘米，一左一右前宽后窄，绝非人工雕刻。

面对这种奇怪的现象，人们不禁会问，这两个地方的脚印究竟是谁留下的？有没有什么内在联系？消息一经传出，吸引了无数好奇者来探访，许多地质学家、人类学家、古生物学家们都纷纷来这里，一探究竟。

据当地人介绍，1997年扩建邦达至昌都公路时，施工队沿途开山

炸石，一声炮响后，一块巨型岩石从此处落下，人们惊讶地发现被炸开的峭壁横切面从下至上有一串巨大的脚印。其中下方3个脚印已模糊不清，而最上面两个脚印却保存完整。

如此神秘的悬崖脚印给人们带来了无穷的遐想。有的人提出，这两行脚印极有可能是外星人来此遗留下的印迹，他们或许是为了下次再来造访地球时便于寻找而为的，抑或是外星人为了证明自己来到过这里，而做的类似与我们经常到了一

个景点之后所写的"到此一游"以资纪念；还有人认为这两串脚印可能是冰山雪人留下来的。但是，这两种说法都没有一定的科学证据来进一步证明，因此，都只是推测。

在神秘脚印消息传出不久之后，四川彭州市也有人说有神秘脚印出现。该脚印位于彭州市新兴镇狮山村。在该村狮子山一峭壁由下至上也有一大一小两行神秘脚印，右侧一行脚印长约四十厘米，状如人脚形；左侧脚印约10厘米，碎步难辨。这两行脚印蜿蜒延续10米

多。

据当地的居民说，这两行脚印是有一个传说的。传说这两行脚印是当年二郎神在收孽龙的时候留下来的。由于孽龙兴风作浪水淹彭州震怒玉帝，二郎神受命收服它。孽龙闻风而逃，带着哮天犬紧追的二郎神挥剑斩之，孽龙腾身闪躲，二郎神一剑把这狮子山腰的一巨石劈为两半。孽龙飞上峭壁，二郎神和哮天犬步步紧逼，遂在峭壁上留下一串脚印。孽龙侧身钻进峭壁左下侧，顺着山洞逃到都江堰，二郎神费尽周折才在都江堰将孽龙制服，镇于伏龙观下。

被"劈开"的裂缝非常平整，内侧生有暗红色苔藓，相传这是二郎神剑劈岩石留下的铁锈。传说中孽龙逃窜时所穿山洞，其洞口如今已被树木掩映。据说上世纪初，当地人组织人洞寻找"通往都江堰"的出口。洞内虽无歧路，但因河沙堵塞，估计有暗河存在，行走艰难。当探险队点燃第7根蜡烛继续前行时，突然阴风大作，吹灭了蜡烛，也吹灭了探险队最后的信心。

关于这两串神秘脚印的来历，还有其他版本的传说。据说当年，四处捣乱的孽龙来到关口(现彭州九龙镇)，一时兴起就撒了一泡尿，哪知竟使整个彭州陷入一片汪洋大海！正在都江堰治水的李冰立即派儿子李二郎赶来收服孽龙。激战中，李二郎一剑竟将山腰一块巨石劈成两半，四射火星溅在峭壁上顿时化作艳丽金黄的金采花。孽龙逃往都江堰，被李冰布下的天罗地网捕获，遂将其镇于伏龙观下。李二郎骑着战马跃上峭壁腾云而去，

神秘脚印从此永留人间。

以上两个传说把这两串脚印的来历描绘的绘声绘色，但是，毕竟传说就是传说，并没有一定的事实依据，不可以用来做科学解释。

据当地的村长称，在这两串脚印的附近十里以外的地方还发现了巨型椭圆形的"铁蛋"，该铁蛋色泽鲜艳，当把其磕开后发现里边有内核，据此，可以判断，或许这个铁蛋就是恐龙蛋的化石。如果这

个铁蛋是恐龙蛋的化石的话，那么这悬崖上的脚印也就可能是恐龙遗留下来的脚印。

在1981年，狮子村附近的蟠龙村又有人发现了不明脚印。经测量脚印长32.5厘米，最长脚趾达17.5厘米，两脚间距为96厘米。估计恐龙体长7米，重达数吨。据考古专家研究证明，这些脚印竟然是距今2亿多年前的晚三叠纪恐龙脚印。

这样的考古发现给人们带来了不小的惊喜，难道这里原来就是恐龙生活过的地方吗？所有的这些脚印都是恐龙留下来的吗？那么，悬崖上的巨大脚印又该如何解释呢？

难道恐龙会在悬崖上走路？

针对这个为题，有人认为，悬崖上遗留下来的脚印或许是由于地壳运动导致的山体位移，进而成为现在的情形。但是这种解释的准确率有多高呢？这种说法也只是推测，并没有找到相关的证据表明这里在很久很久以前发生过剧烈的地壳运动。

这样，悬崖上的巨型脚印就显得更加扑朔迷离了，其形成原因我们也就不得而知了。期望通过更加深入的研究解开悬崖巨型脚印之谜。